富山のすしは なぜ美味しい

巽 好幸　土田美登世

北日本新聞社

目　次

004　プロローグ　巽　好幸　富山のすし、その魅力を探る旅へようこそ！

009　第1部　海の恵みが育んだすしの文化
土田　美登世（生活科学博士／食記者・編集者）

- 010　**1 富山は食文化の交差点**
  - 1,000年以上の歴史受け止める
- 012　日本のすしの原型、なれずし
- 014　唯一無二の味。富山のますずしを深掘り
- 016　ますずしの一般的な作り方
- 018　酢の登場とともに普及した早ずし
- 019　カウンター向こうのすし店の仕事

- 022　**2 天然の生簀、富山湾**
  - 富山が誇る季節の魚介たち
- 022　春　富山湾の神秘　ホタルイカ
- 023　夏　富山湾の宝石　シロエビ
- 024　秋　富山湾の朝陽　ベニズワイガニ
- 025　冬　富山湾の王者　ブリ
- 026　富山の主なすしダネ 産地と盛漁期のカレンダー
- 028　富山の主な漁法

- 030　白身王国
- 038　近海の赤身魚
- 040　マグロの柵
- 042　赤身と白身—魚の個性を表すすしダネの色
- 044　光りものと青魚
- 050　エビ・カニの楽園
- 054　豊かな軟体動物 イカ・タコ・貝
- 060　すしにも欠かせない昆布

- 062　**3 すしを生かす豊かな米文化**
  - 米どころ富山のいまと昔
- 066　富山の醤油をそのまま、あるいは煮切りで

SCIENCE POINT

- 013　❶ なれずしの複雑な味と香りの成分
  - ふなずしの一般的な作り方
- 017　❷ マスの赤色はエビやカニと同じ色素
  - 桜鱒　サクラマス　Cherry salmon
  - 塩締めしてから酢締めのワケ
- 031　❸ サケ・マスの仲間
- 037　❹ 白身魚とかまぼこ
- 039　❺ クロマグロは出世魚のひとつ
- 045　❻ 光りものはなぜ光る？
- 046　❼ ブリ御三家の見分け方
- 047　❽ ブリは出世魚 富山での呼び名
- 051　❾ オスからメスへの性転換!?
- 053　❿ カニの赤色の秘密
- 057　⓫ イカ・タコのうま味
- 058　⓬ イカ・タコ・貝の筋肉
- 059　⓭ 岩牡蠣と真牡蠣の違い
- 061　⓮ 昆布のうま味成分と昆布締め
  - さばずしに使われる白板昆布とは？
- 064　⓯ アミロースとアミロペクチン
- 065　⓰ でんぷんの糊化とすし飯の食感

目 次

067　第2部　大地変動の役割
巽　好幸（ジオリブ研究所所長／マグマ学者）

- 068　**1 富山のすしは大地変動の贈り物**
  - 地球史45.6億年と富山
- 070　富山をつくった大事件（1）
  - 日本列島大移動と日本海誕生
- 072　富山をつくった大事件（2）
  - 日本海溝の西進と圧縮される日本列島
- 074　富山の特異な地形

- 078　**2 富山のすしダネ、その美味しさの秘密**
  - 富山の魚はキトキト
- 080　海にやさしい定置網漁法
- 082　天然の定置網　富山湾
- 084　ブリはいつから日本海へやってきた──対馬海流の成立
- 086　天然の生簀（いけす）　富山湾
- 088　春の夜の浜辺に身投げする　ホタルイカ
- 090　透明にかがやく　海底谷のシロエビ
- 092　深海富山湾の　ベニズワイガニ
- 094　富山とオホーツク海を回遊　サクラマス

- 096　**3 富山の米──自然との闘いが育んだ穀倉地帯**
  - 富山の魚と米の名コンビ
- 098　不毛と水害の大地「扇状地」
- 100　フェーン現象と富山の米

- 104　**4 富山の水、富山の酒**
  - 富山の水
- 108　富山の酒

- 112　**5 大地変動の恩恵と試練　日本海東縁変動帯**
  - 「反転断層」と地殻変動：美食材と地震
- 114　2024年能登半島地震

- 116　**6 日本海探究**
  - 海と陸の違いは何か？
- 118　日本海は海ではない？

COLUMN

経沢　信弘（料理人／郷土料理研究家）
- 020　かぶらずし　　048　富山県のなれずし　　102　富山県の米づくり

- 120　**エピローグ**　土田　美登世　　美味しいすしとは何か、知識は最高の調味料
- 122　**索引**
- 127　**編集後記にかえて**　岡田　一雄（ジオリブ研究所／プロデューサー）

　参考文献

プロローグ

富山のすし、
その魅力を探る旅へようこそ！

ジオリブ研究所所長／マグマ学者　巽　好幸

PHOTO: MASAHIRO.KYOGAKU

　あなたの好きな料理は何ですか？　国内でこの調査が始まったのが1998年。それ以来連続26年間トップを走り続けるのが、すしです。そうなのです。私たち日本人はすしが大好物です。また外国人が最もよく知っている日本料理も、すしだそうです。

　こんなすしを提供するお店、つまりすし屋さんは全国で2万軒以上もあります。もちろん最も多いのは東京都で、3千数百軒にも及びます。また人口10万人あたりの店舗数、つまりすし屋密度でも東京は全国トップクラスで20軒を超えています。日本の中心地であり暮らす人も訪れる人も多いのですから、当然といえば当然の結果です。

　でも驚かないでください。実は富山県には、東京都に匹敵するほど密にすし屋さんがあるのです。富山県民がいかにすし好きであるかを物語るデータです。

すし王国、富山を目指して

「寿司といえば、富山」、富山県が進めるこのプロジェクトをご存知でしょうか？　すしを通して県民のみなさんに富山に暮らすことの素晴らしさを再認識していただき、さらに、その素晴らしさを国内外の多くの方々に伝えていこうという取り組みです。

すしがプロジェクトの柱となったのには、すし好きの県民性に原因があると思います。でももっと根本的な理由は、富山のすしはとびきり美味しいのに、まだまだそのことが多くの人に知られていないことにあります。例えば、東京・大阪・名古屋の３大都市圏で「すしと聞いてイメージする都道府県」を尋ねると、富山県は北海道、東京、石川に続いて第４位。しかし、たった９％の人しか富山県と答えなかったそうです。このプロジェクトでは、10年後には90％の人たちに「それは富山だね」と答えていただけるようになる、つまり富山が日本を代表するご馳走である、すしの王国となることを目指しているのです。

ここでちょっと考えておきたいことがあります。それは「美味しいすし」とは何か、ということです。もちろんこれは奥深い問題で、いろんな要素が絡んでいるためにそうは簡単に答えを見つけることはできません。ただ、良いすしダネ（すしに使われる魚介類など）と米を使って、腕の良い職人さんが作るすしは間違いなく美味いのです。

この意味では、大都会東京は日本で最もすしの美味しい所の一つでしょう。なぜならば、東京には全国各地から最高級のすしダネや米、それに腕利きの職人さんも集まっているからです。

いっぽうで富山のすしは、目の前にある富山湾でとれたすしダネと、富山県産の米で作られています。富山湾の魚介は東京でも全国トップブランドとして知られていますし、富山県は全国一の種もみ（種となる米）産地です。このような地元の素晴らしい食材を用いたすしを、これらの食材を育む自然と空気を感じながらいただくのです。この「丸ごと富山」のすしには、東京の名店でも味わうことができない、富山ならではの美味しさがあります。

この本の狙いは、富山のすしがとびきり美味しい理由をいろんな角度から探究して、それをみなさんにお伝えすることです。そしてこの本を読んだ県民のみなさんはもちろんのこと、富山を訪れる方にぜひ美味しいすしを味わっていただきたい、いやもっと言えば、美味しいすしを食べるために、多くの方に富山へ来ていただきたいと願っています。

ではこの本の特徴をもう少しお話しすることにしましょう。

富山の多様なすしに注目

この本では、富山の多様なすし文化を紹介しながら、富山のすしの美味しさを探ってゆきます。

すしと言えば、いわゆる「握りずし」を思い浮かべ

る方が多いことでしょう。もちろん富山の握りずしは最高なのですが、そうである背景には富山で発展してきた多様なすし文化があります。かぶらずしで代表される「なれずし」は、乳酸と米麹(こめこうじ)の働きによって保存性とうま味を高めた料理です。富山湾でたくさんとれたブリやサバなどを無駄にすることなく、時間が経っても食べれるように工夫されたすしです。

また関西で発達した「押しずし」文化が富山に伝わり、神通川(じんづうがわ)を遡(さかのぼ)るサクラマスと出合うことで生まれたのがますずしです。いっぽうで、なれずしや押しずしが出来上がるまでの時を待てないせっかちな江戸の人々が生み出したのが「早ずし」、これが握りずしの原型です。

このように富山はちょうど西と東の食文化が交わる位置にあるために、多様なすし文化が発展してきたのです。

富山のすしダネを徹底解説

富山のすしの最大の特徴の一つが、「天然の生簀(いけす)」と呼ばれる富山湾でとれる多彩な魚介類がすしダネとして使われることです。富山湾産のブリやホタルイカの素晴らしさは全国の料理人さんや食通たちが認めるところです。でもこれら以外にも、富山湾に育まれる美味なるすしダネはたくさんあります。季節とともに種類も味も変わり、富山ではいつでも最高のすしダネを用いた美味しいすしを味わうことができるのです。

この本では、この富山のすしダネとなる、富山湾の魚介類の特徴を深掘りしています。その種類と味の理由には県民のみなさんも驚かれるに違いありません。

富山のすしを育む大地の変動を知る

もう一つ、この本には富山のすしの美味しさを探る秘策があります。それは時空を超えた大地の動きをすしと重ね合わせることです。

立山連峰から深海富山湾に至る4,000メートルの高低差。これが富山の素晴らしいすしダネと米を生み出していることは、よく知られていると思います。この本では、この高低差がなぜ素晴らしい食材を育むのか? その理由をきちっと読者のみなさんにご理解いただきます。

そしてさらに、この世界的に見ても珍しい地形を生み出した「大事件」についてもお話ししています。その一つは2,500万年前から始まった日本列島の大移動です。この大事件によって深海富山湾はつくられたのです。また二つ目には、300万年前から始まった大地の強烈な圧縮と活発なマグマの活動によって、富山平野の背後にそびえ立つ立山連峰が、今もどんどん高くなっていることです。

ダイナミックな大地の動きが重なることで富山湾や山麓の平野ができあがって、素晴らしいすしダネと米が育まれるのです。富山のすしをいただく際には、ぜひこのような大地の営みを思い出してください。その美味しさがアップすること請け合いです。

PHOTO: MASAHIRO KYOGAKU

©TOYAMA TOURISM ORGANIZATION

第1部

海の恵みが育んだすしの文化

土田美登世
MITOSE TSUCHIDA

第1部
海の恵みが育んだすしの文化

1 富山は食文化の交差点
1,000年以上の歴史受け止める

西の押しずし、東の握りずしが出合う町

　日本におけるすしの歴史をひもとくと、まず「なれずし」があり、やがて「押しずし」、さらに「握りずし」へと続く1,000年以上の時の流れが描かれます。富山はその流れを受け止めるのに十分な地の利に恵まれているといえるでしょう。海と山に囲まれ、海からは新鮮な魚介類、特にホタルイカやシロエビ、ベニズワイガニ、ブリなどがとれます。山からは新鮮な野菜や米が収穫され、こうした海の幸と山の幸の両方が楽しめる豊かさは、食文化の発展を後押ししています。

　また、江戸時代から明治時代の初期にかけて日本海を運航していた北前船も、富山ならではの食文化の形成に大きく影響しています。北前船が立ち寄ることで、富山からは主に米が積み込まれ、北海道からは昆布や肥料となるニシンが運び込まれるなど、食文化の交流が生まれました。こうして各地の食材や調理法が富山に集まり、独自の料理が形成されていきます。

　ところで、すしの原型とされるなれずしは、魚を米飯にまぶして発酵させたもので、米の伝来とともに大陸から伝わりました。現在では滋賀県琵琶湖畔に「ふなずし」として残っています。時を経てなれずしは押

PHOTO: MASAHIRO KYOGAKU

しずしに変化し、西を代表するすしとなります。握りずしは江戸時代に食べられるようになり、東を代表するすしとなりました。

たくさんの魚がすむ豊かな海を持ち、米どころでもある富山は、それぞれの美味しさをすしとして存分に引き出せる土地の力と、それを楽しみたいと願う人々の思いがありました。

富山の伝統的な「ますずし」は押しずしの一種で、西の影響が色濃く表れている一方で、この地ならではの独自の進化を遂げています。市内には多くの専門店があり、マスの厚み、塩や酢の締め加減、脂ののり、すし飯の味わい、ごはんの粘り、押し具合など、各店によって個性あふれるますずしが売られています。

さらに東から伝わった握りずしは、江戸前の技術を受け入れつつ、地元ならではのすしダネが映えるすしとして注目されています。新鮮な魚を握った「キトキト」な握りずしのほか、魚によっては寝かせたり、煮たり、塩や酢で締めたりするなど、湾でとれた魚を生かした江戸前らしい技を施しつつ、富山ならではのすしを富山のすし職人たちは目指しています。

東と西の交差点であるからこそ、こうした豊かなすし文化が富山には根づいています。

第1部
海の恵みが育んだすしの文化

日本のすしの原型、なれずし

桶から上げたばかりのサバのなれずし（南砺市福光）

古代に伝来した発酵ずし

　日本のすしの原型は遠い昔に中国から稲作文化とともに伝来したなれずしだといわれています。「なれ」とは漢字で書くと「熟れ」で、文字通り、熟成させたすしです。といっても、我々がイメージする酢飯と魚介を合わせたすしとは大きく異なる漬物みたいなものです。魚を米、粟などと一緒に漬けこみ、自然に熟成・発酵させて生じた乳酸菌で腐敗を抑えた「発酵ずし」で、ひとつの保存食品といえます。

　701年の飛鳥時代に制定された「大宝律令」には税の定めが記され、「雑鮓（川魚のすし、人夫たちの食糧）」の記載があります。鮓はすしであり、これが日本で最初のすしに関する記述とされています。その時代に近い奈良時代の平城京の跡からは「多比之鮓」などと記された多くの木簡（荷物を送るときにつける札）も出土しており、日本の礎である都からすしの歴史が始まっていることが伺えます。

　なれずしは滋賀県琵琶湖畔でふなずしとして受け継がれています。ゲンゴロウブナまたはニゴロブナなどのフナを塩漬けし、ごはんと交互に桶のなかに約1年間漬けこみます。こうして長く保存していると米は発酵して酸味の強いやわらかな粥状となるので、なれずしは基本的に魚の身だけを食べます。

　やがて「生なれ」といわれる発酵期間が短く、発酵に使ったごはんも魚も一緒に食べるスタイルの発酵ずしが登場すると、保存食から魚とごはんを一緒に食べる料理という意識に変わっていきました。

　江戸時代になるとあらかじめ発酵させた酢をごはんにかけて魚と合わせる、早ずしが生まれました。これが今につながる握りずしです。そして時代とともにさまざまなすしが生まれていきます。

SCIENCE POINT ❶

なれずしの複雑な味と香りの成分

なれずしが長く食べられ続けているのは、単に保存食としての効能だけではなく、なれずし特有の味と香りにあります。熟成によって生じるなれずしのかなり個性的な風味は好き嫌いが分かれるところですが、なれずしが好きな人たちは、チーズにも似た香りと酸味と深いコクを合わせ持つ身はクセになる味わいだと言います。

なれずしはごはんと魚を合わせて熟成させる際、魚肉に含まれる酵素によって筋肉中のタンパク質が分解され、アミノ酸などが生成されます。ごはんは乳酸菌や酵素の働きにより、いろいろな有機酸や糖、アルコール類が生成され、これらがなれずしの味やにおいのもととなります。

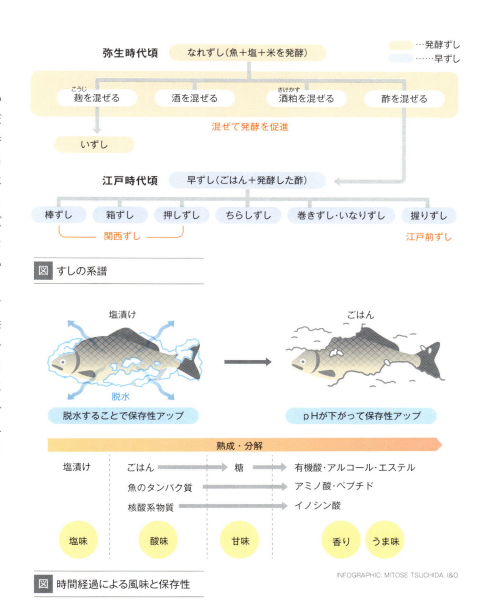

図　すしの系譜

図　時間経過による風味と保存性

INFOGRAPHIC: MITOSE TSUCHIDA, I&O

ふなずしの一般的な作り方

❶前処理
フナのウロコや内臓をとる。

❷塩漬け（塩切り）
魚に対して10～40％の塩をする。内臓を抜いた腹やエラのところから塩を詰め、さらに塩と魚を交互に置きながら桶に詰める。重石をして1カ月間置く。フナは脱水し、カチカチになる。

❸塩出し
塩漬けしたフナを15分～2時間ほど水に漬けて塩出しして水気をきる。

❹ごはん
米を固めに炊飯する。

❺本漬け
桶にごはんを敷き、塩出ししたフナ、ごはん、フナ、ごはんの順に交互にフナ同士がつかないように並べ、重石をする。落ち着いたら蓋の上に淡水や塩水を張る。水換えをしながら約1年間漬け込む。

第1部　海の恵みが育んだすしの文化

唯一無二の味。富山のますずしを深掘り

富山の郷土料理ますずし　PHOTO: YUKI TANAKA

歴史と風土が彩る味わい

　富山といえばコレ！といわれるほど富山を代表する郷土料理であり有名な駅弁としても知られる「ますずし」は、早ずしのなかの「押しずし」のひとつです（→p013上図）。曲げ物に深緑色の笹の葉を放射状に敷いてその上に酢飯を敷き詰め、桜色が美しいマスの切り身をのせて重石をのせてギュッと「押して」作ります。マスとごはんを詰める順番が逆のこともあり、マスが上にのっているものを「表おき」と、酢飯が上にのっているものを「裏おき」と呼びます。

　県内には数十軒のますずし店があり、曲げ物入りのますずしが各社個性あふれる包装紙に包まれて売られています。その包装紙から曲げ物を取り出し、きつく締めたゴムをはずして割竹をとって蓋を開け、葉を一枚一枚めくると、桜色の美しいマスが出てきます。たいてい小さなナイフが付いていて、食べるときにケーキのように食べたい分だけ切っていくのが楽しいすしです。

　サクラマスのすしは、もともとは河川や海から豊富にとれる魚を長期保存するためのなれずし（→p012）として作られていました。平安時代の書物には、越中国（現在の富山）の作物として、サクラマスも含まれるサケ（→p031）のすしが記されています。江戸時代には富山藩の吉村新八という料理がうまい侍が、当時の藩主・前田利興（としおき）の命を受けて神通川の川魚を使ったすしを献上しました。このときの川魚はアユで、なれずしでした。利興はこの味をとても気に入り、アユのなれずしは江戸城に運ばれて、8代将軍・徳川吉宗も喜びました。

　時が移り、酢の量産が始まるようになると、なれずしの代わりに酢飯と合わせる早ずしが作られるようになり、時代が移り変わるにつれてアユよりマスが支持され、現在のますずしのような形になっていきました。

神通川とますずし

　江戸時代後期の「日本山海名産図会」（1799年）には神通川でとれたマスが最上品と位置づけて描かれています。当時はアユやマスといった川魚専門の漁師がいて、全国的にも珍しい「流し網漁」という漁法が行われていました。神通川沿いにはその川魚で作ったすしを作る店があり、十返舎一九の「金草鞋」のなかには、「神通船橋のたもとには、アユのすしを食べた旅人の頬がたくさん落ちている」と記されるほど評判でした。

　神通川は度重なる洪水によって形を変えてきましたが、埋め立てが進んで現在の流れになっています。当時の神通川沿いだった「七軒町」「諏訪川原」「丸の内」には、今なお多くのますずし店があります。

富山城のすぐそばを流れる神通川。「富山御城下絵図」（江戸時代）より
富山県立図書館所蔵

神通川の流し網漁の様子。「日本山海名産図会 第4巻」（1799年）より　富山県立図書館所蔵

旧神通川にかかる神通橋のたもとには、ますずしを仕込み、販売する店が軒を連ねていた。
「中越商工便覧」富山県立図書館所蔵

売薬の富山ならではの曲げ物

ますずしの曲げ物は練り薬を入れる器でした。密封性があり、清潔で持ち運びもしやすいということで、ますずしの容器に使われるようになりました。全国的に知られるようになったのは、1908年（明治41年）に現在の富山駅の位置に停車場が開業して駅弁でますずしが売られるようになってからです。

撮影協力：吉田屋鱒寿し本舗

第1部　海の恵みが育んだすしの文化

ますずしの一般的な作り方

　富山県内にあるたくさんのますずし店は、店ごとに味が異なります。ますずしの美味しさを求めて各店、さまざまな工夫をしていますが、大きなポイントとなるのが酢と塩の加減です。塩はマスの水分を引き出し、タンパク質を凝固させ、腐敗を防ぐ効果があります。酢はマスの生臭さを消し、食欲をそそる酸味と風味を与えます。塩と酢の配合比率は、ますずしの風味や食感を大きく左右します。各社が長い時間をかけて経験と勘によって培ってきた絶妙な塩梅が、その店のますずしの美味しさと個性を生み出す核といえます。

1　塩締め・酢締め
マスを3枚におろし、塩をふって身を締めてから酢に漬けます。

2　酢切り
両手でマスの身を絞って余分な酢を切り、ザルの上にあげます。

3　すし飯作り
炊きたてのごはんに合わせ酢をふり、しゃもじで切るように混ぜます。

4　笹の葉立て
笹のつるつるした側を内側にむけ、7〜8枚の笹の葉を曲げ物の側面に立てます。

5　マス敷き
パズルのピースをはめる要領で、重ならないように隙間なく底面にマスを敷きます。

6　すし飯のせ
敷いたマスの中央にすし飯をのせ、手で広げて平らにします。

7　笹の葉折り
立たせた笹の葉を、シワにならないように、1枚ずつ丁寧に内側に折り込みます。

8　押し
蓋をし、重石をのせて5分間ほど押し、マスの身とすし飯をなじませます。

9　ゴムがけ・完成
上面と下面を竹棒各2本ずつで押さえ、ゴムがけをします。紙で包装して完成。

PHOTO: YUKI TANAKA

1　富山は食文化の交差点

包装されたますずし

PHOTO: YUKI TANAKA

SCIENCE POINT ❷

マスの赤色はエビやカニと同じ色素

サケやマスは美しいピンク色が特徴です。赤系の色だからといって赤身魚と思われがちですが、実は白身魚です。赤身魚は血中色素である赤いヘモグロビンが多く含まれていますが、マスの赤色はヘモグロビンではなく、アスタキサンチンという色素によるものです。この色素は、ニンジンの赤色であるカロテン系の色素であり、エビやカニの赤色と同じです(→p053)。カロテン系の色素は油に溶けやすい性質があり、サケやマスを油でソテーすると、色素が油に溶け出して赤くなります。

桜鱒 サクラマス Cherry salmon

成熟してくると体に桜色が現れ、桜の咲く頃に川に遡上することからそう呼ばれています。桜色の上質な柔らかい身質と淡白なうま味、そして上品な香りと甘さはますずしには欠かせません。

実はサクラマスは渓流の女王と呼ばれるヤマメと同じ魚です。川で生まれた幼魚が海に下ってたっぷりと餌を食べて大きく成長したものがサクラマスです。言い換えれば一生川で過ごすサクラマスがヤマメです。富山県ではかつて多くのサクラマスが遡上しており、そこで行われた盛んな漁が郷土料理としての「ますずし」へとつながりました。

昨今では環境の変化によって県内の漁獲量も減っているため養殖にも力を入れています(→p094)。

塩締めしてから酢締めのワケ

ますずしのマスの美味しさは、ほのかな酸味と甘味、そしてきゅっと締まった身質にあります。ますずしのマスは酢締めをしてからすし飯と合わせますが、酢締めといっても酢だけに漬けるのではなく、その前に塩に漬けることが大切です。酢は酸性の割合を表すpH(ピーエッチ)の値が4くらいです。このpH値の酢にマスを漬けると、マスのタンパク質が酸で溶け出て身がふやけてきます。けれども酢に漬ける前に塩で締めておくと、タンパク質が溶け出ることが防げて身が締まったままです。

ますずしの取材・撮影協力：吉田屋鱒寿し本舗　017

第1部
海の恵みが育んだすしの文化

酢の登場とともに普及した早ずし

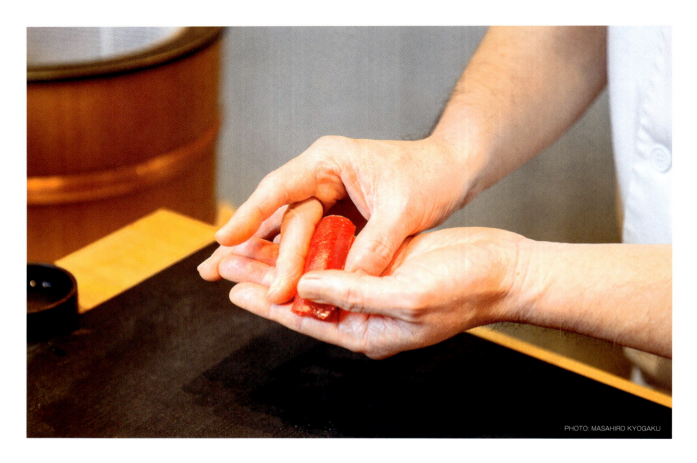
PHOTO: MASAHIRO KYOGAKU

キトキトを仕事で生かす

　海に囲まれた日本におけるすしの歴史は、豊かにとれた魚介の保存の歴史でもあります。その知恵には、菌の繁殖を抑える酸の働きを生かす技術が垣間見えます。最初は「なれずし(→p012)」で、米と魚介を合わせ、米を発酵させることで生じた乳酸菌の力で菌を抑え、保存性を高めていました。長く発酵させることでうま味も増し、独特な風味が味わえるすしとなりましたが、完成までには時間がかかります。そこで、歴史が移り変わっていくなかで登場したのが「早ずし」です。酢が生産されるようになってから登場したもので、ごはんに酢を合わせてすし飯を作り、それに魚介を合わせた現在のすしに近いものです。すし飯と魚介を合わせることで早ずしはバリエーションが広がり、押しずし、散らしずし、巻きずし、握りずしなどさまざまなスタイルが生まれました。

　富山を代表する早ずしとしては「ますずし」が挙げられますが、「握りずし」の人気も高まっています。富山の握りずしの特徴は、なんといっても「キトキト」で、究極の「早」ずしといえるでしょう。海岸近くから急激に深くなる富山湾は漁の場所が漁港に近く、とれたものをその日のうちに食べることができます。また、富山湾でとれる魚のほとんどが魚へのストレスが少ないとされる定置網漁であることも、富山の魚が美味しいといわれる理由のひとつです。

　ただ、すし飯にキトキトの刺身をのせればすしが完成するわけではありません。質のよい魚がととのい、「握りずし」として完成させるには、あとはすし職人の腕次第です。魚によっては、寝かせたほうがいいものもあります。魚の状態を見極める、身を切る、塩や酢で締めるなど、魚に施す技術で、すしにさまざまな表情を見せられます。富山のすし職人たちは、富山ならではのすしを求めて日々握ります。

カウンター向こうのすし店の仕事

1 仕込み

すしダネに切りやすい大きさ、形に切り分けた身のことをサクといいます。タネケースのなかには富山湾でとれた魚介類を中心にサクが並びます。

2 切りつけ

握りのすしダネの大きさに切ることを切りつけといいます。切りつけによってもすしの美しさが決まります。

3 握り

片方の指にすしダネをのせ、もう片方の指にすし飯をとって左右を合わせてすし飯とすしダネを合体させ、手を軽く添えて瞬時に握りずしに形づくります。

4 完成

握りたてのすしはしばらく置いても崩れることはなく、といって、口に入れたらパラッとすぐに崩れるような食感です。

COLUMN
かぶらずし

かぶらずし

文／経沢信弘
料理人、郷土料理研究家

富山県のかぶらずし　　©TOYAMA TOURISM ORGANIZATION

地域により鰤と鯖を使用

　富山県では、昔からかぶらずし作りが盛んである。年末になると各家庭ではかぶらずしを漬け始める。呉東地区※では主に鰤を使い、呉西地区※では主に鯖を使うことが多いようだ。鯖のほうが安価で使いやすいようだが、その鯖も近年高騰していて庶民には高価なものになりつつある。かぶらずしは、正月にはなくてはならない漬物であり、この季節になるとわくわくする。(現在は既製品も多く出回っている。)

　かぶらずしに使用する蕪は、主に早生大蕪だ。生産は富山市婦中の音川地区が盛んである。大きく丸く白くずっしりしてかぶらずしに適している。

　かぶらずしはいわゆる酢飯を使った握りずしではなく、なれずしの一種である。米麹を使うため、優しくまろやかで豊かな風味で大変食べやすいのが特徴である。

　鰤は今も出世魚として縁起の良いものとされているが、すでに室町期から贈答品として重宝されていたようである。歳暮・正月・嫁入りの贈答品として鮭と並ぶ地位を占めている。

※呉東地区、呉西地区　富山県では県中央の呉羽山を境に、東を呉東、西を呉西と呼ぶ。

起源は江戸に遡る？

かぶらずしを仕込む時に使うのが米麹である。私は毎回いろんな麹を使い食べ比べをしている。麹により味が違ってくる。奥深い漬物である。

かぶらずしの起源は定かではない。江戸中期の加賀藩料理人舟木安信の記録に「塩鰤の鮨」として記述が見られるから、その原型は江戸中期に遡るのではないかと思われる。泉鏡花「寸情風土記」（1920年）に「蕪の鮨として、鰤の甘塩を、蕪に挟み、麹に漬けておしならした」とあることから、遅くとも大正時代には作られていたのであろう。

かぶらずしの作り方はいたってシンプルで、蕪を切り分け切れ目を入れ、塩をして一晩おく。その切れ目に酢〆した鰤、鯖を挟んで麹、唐辛子、柚子を散らし、麹とご飯をまぶし重石をのせて約一週間漬け込む。発酵が進み毎日味の変化を楽しむことができる。シンプルなものほど難しい。またいろいろな麹を試してみるのも楽しみである。酒飲みにはたまらない郷土の一品である。

著者が漬けたかぶらずし　（撮影・著者）

かぶらずしを漬け込む様子　（撮影・著者）

第1部
海の恵みが育んだすしの文化

2 天然の生簀(いけす)、富山湾
富山が誇る季節の魚介たち

春　富山湾の神秘　ホタルイカ

蛍烏賊　ホタルイカ
Firefly squid

PHOTO: MASAHIRO KYOGAKU

　春になったらホタルイカ。3月になると富山湾ではホタルイカが水揚げされます。定置網によるホタルイカ漁は全国でも富山だけで、特に東部にある滑川(なめりかわ)漁港は県を代表する水揚げ地のひとつです。漁は船で15分程度の場所で行われており、産卵のために深海から沿岸部の海面近くに押し寄せてくるホタルイカを定置網でひき揚げます。ホタルイカの小さく繊細な体を傷つけないようにするため、専用の網で水揚げを行い、競りも素早く行って鮮度を保ちます。

　ホタルイカは網でひき揚げると青白い神秘的な光を放ちます。これはホタルイカの胴、頭、腕に約1千個もの発光器があるからです。メカニズムはホタルイカの名にあるとおりホタルと同じで、ルシフェリンという物質にルシフェラーゼという酵素が働いて光ります。この神秘的な光の群れを見るための早朝ツアーも実施されており、毎年たくさんの人が、海上観光船からホタルイカ漁の様子を眺めます。そして鮮度抜群のホタルイカをすぐに急速冷凍することで、安全に美味(おい)しくいただけます(→p054, 088)。

©TOYAMA TOURISM ORGANIZATION

夏 富山湾の宝石 シロエビ

白海老 シロエビ
Japanese glass shrimp

©TOYAMA TOURISM ORGANIZATION

　春から夏、そして秋までシロエビ。4月から始まった漁は11月まで続きます。ゆでるとその名のとおり白いエビですが海のなかで泳いでいるときは無色透明、そして港にひき揚げられたときは透き通るような淡いピンク色をしています。ベッコウエビとも呼ばれます。

　世界的にも珍しいエビで、日本周辺では新潟県の糸魚川沖や静岡県の駿河湾、神奈川の相模湾などでも生息はしていますが、専業漁業としてなりたっているのは岩瀬地区と新湊地区の2カ所だけです。新鮮で火を通していないシロエビが放つ上品で繊細な甘味と殻をむいた身のトロリとした舌触りは富山でしか食べられない旬の味わいとして人気です。しかし実際に全国的に知られるようになったのはここ30年くらいのことで、それまでは干しエビとしての需要がほとんどでした。

　シロエビ漁は港近くの沖の深みで、専用の底びき網で行われます。この網は海底谷の深みに海底から離れて集まっている群れを、大きな口を広げて素早くすくい上げてとるように工夫されています(→p050, 090)。

©TOYAMA TOURISM ORGANIZATION

第1部
海の恵みが育んだすしの文化

秋
富山湾の朝陽（あさひ）
ベニズワイガニ

紅楚蟹 ベニズワイガニ
Red queen crab

PHOTO: MASAHIRO KYOGOKU

　秋。紅葉とともにベニズワイガニ漁解禁。ゆでる前から甲羅と脚が紅葉のように真っ赤で、ズワイガニよりも２カ月早い９月に解禁を迎えます。ズワイガニよりも深く水圧の高い水深800〜2,000メートルの深海で生息します。この環境によって水分を多く含む身になりますが、肉厚で身離れがよく、冷たい海水から身を守るためか甲羅の味噌は濃厚で、クセになる味わいです。かごなわ漁法と呼ばれる漁が行われ、「カニかご」を数十個も沈めます。えさに誘われてかごに入ったベニズワイガニが深海から一気に漁船へひき揚げられます。そして浜へ揚げられ、水分が抜けないように甲羅を下にした仰向けの状態で並べられます。全身に帯びた朱色は、熱を通すとさらに鮮やかさを増します。ベニズワイガニは甲羅の幅が９センチ以下の雄と同幅が８センチ程度にしか成長しない雌が漁獲禁止となっています。かごの網目は15センチですから、そうした個体はすり抜けます。資源管理につながる漁法が根づいています。（→p052, 092）

©TOYAMA TOURISM ORGANIZATION

2　天然の生簀、富山湾

鰤　ブリ
Yellowtail

富山湾の王者
ブリ

冬

　冬はブリ。富山の味覚で抜群の知名度を誇るのが氷見の寒ブリです。丸々と太った身の脂はノリがよく醬油をはじくほどだと称されます。トロリとした食感と豊かなうま味は冬の味覚の王者としての存在感を放ちます。もともとブリは東シナ海で産卵し、夏から秋にかけてえさを求めて北海道付近まで北上します。そして春にかけて脂肪を蓄えたブリが産卵のために南下していきます。南下は北上よりも陸寄りのコースをとるためそのタイミングでブリ漁が始まりますが、その年の海水温によって時期は変わります。能登半島の付け根にある富山湾は西側に半島が大きく広がり、沿岸まで深い海底谷が続くために天然の定置網となって、ブリなどの回遊魚を湾の奥まで誘い込むことができます。

　特に氷見漁港は富山県内で漁獲量がもっとも多く「ひみ寒ぶり」とブランドにもなっています。ここでの漁はブリがストレスを感じない定置網漁が港近くに仕掛けられて、氷をたっぷり使って船上で沖締めにしているので、鮮度が保持された状態で食卓まで運ばれます。

(→p046, 084)

©TOYAMA TOURISM ORGANIZATION

第1部 海の恵みが育んだすしの文化

富山の主なすしダネ 産地と盛漁期のカレンダー

能登半島と佐渡島で囲まれ、北東方向に口を開けたような形状をしている富山湾は、まさに日本海の天然の生簀(いけす)です。神通川や黒部川などの大きな河川が流れ込み、暖流の対馬海流、冷たい深層水という天然の水の層は、栄養も豊かで暖流系と冷水系の両方の魚が数多く見られます。その数は約500種とされ、古くから漁業が盛んで湾を囲むように漁港が点在します。定置網漁を中心にブリやサバ、アジ、ホタルイカなど季節によって豊かな魚が港にあがります。

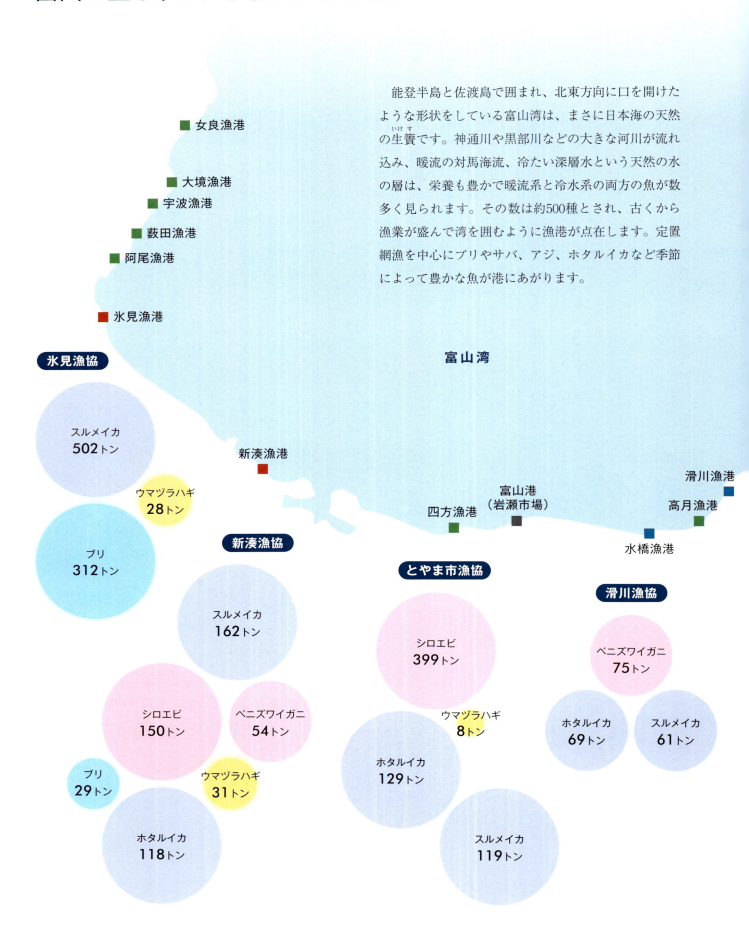

2 天然の生簀、富山湾

〈漁協ごとの漁獲高〉

■ 宮崎漁港

■ 入善漁港

黒部漁協
ベニズワイガニ **19**トン
スルメイカ **5**トン

■ 黒部漁港

■ 第一種漁港
■ 第二種漁港
■ 第三種漁港
■ 港湾

100トン〜
50〜99トン
10〜49トン
5〜9トン

富山県水産情報システム漁獲情報2023年実績より作成

■ 石田漁港
■ 経田漁港

■ 魚津港（魚津市場）

魚津漁協
ベニズワイガニ **137**トン
ウマヅラハギ **25**トン
ホタルイカ **98**トン
ブリ **15**トン
スルメイカ **109**トン

	月	春			夏			秋			冬		
魚種		3月	4月	5月	6月	7月	8月	9月	10月	11月	12月	1月	2月
白身	カマス												
	カワハギ類												
	カレイ類												
	キジハタ												
	スズキ												
	ノドグロ（アカムツ）												
	ヒラメ												
	マダイ												
	マダラ												
	マトウダイ												
赤身	クロマグロ												
	メジ・シビコ※												
	カジキ類												
青魚	カンパチ												
	サバ												
	ヒラマサ												
	ブリ												
	マアジ												
	マイワシ												
エビ・カニ	アマエビ												
	シコエビ												
	ズワイガニ												
	トヤマエビ												
	ベニズワイガニ												
イカ・タコ・貝	ホタルイカ												
	ヤリイカ												
	スルメイカ												
	アオリイカ												
	マダコ												
	イワガキ												
	バイ												

※主にクロマグロの幼魚

資料提供：富山県

第1部
海の恵みが育んだすしの文化

富山の主な漁法

　豊かな海に恵まれた富山県では古くから漁が盛んです。先人たちは魚の生態を理解し、努力と試行錯誤を繰り返しながら、食卓を彩るために、そして資源として未来へつなげるために、数多くの漁法を生みだしてきました。

　富山湾の漁業の中心はなんといっても定置網漁業です。沿岸には定置網がひしめき、ブリ、アジ、イワシ、サバ、イカなど、主要な魚はほとんど定置網でとられているといっていいでしょう。刺網漁業は特定の場所に網を張り、魚が泳ぎ込むとそのまま網に刺さったりからまったりする仕組みです。かごなわ漁業は、富山名産のベニズワイガニやバイに最適な漁法で、かごを海底に設置して魚が自然に入り込むのを待つ方法です。底びき網漁業は海底をひきながら大きな網を広げ、魚を捕えます。これらの漁法にはそれぞれ技術が必要とされ、地域の漁業を支えています。

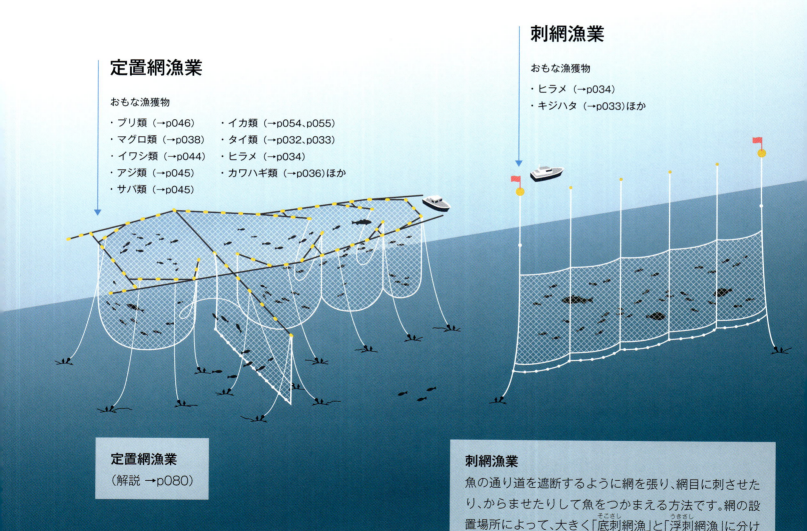

定置網漁業

おもな漁獲物
- ブリ類（→p046）
- マグロ類（→p038）
- イワシ類（→p044）
- アジ類（→p045）
- サバ類（→p045）
- イカ類（→p054、p055）
- タイ類（→p032、p033）
- ヒラメ（→p034）
- カワハギ類（→p036）ほか

定置網漁業
（解説 →p080）

刺網漁業

おもな漁獲物
- ヒラメ（→p034）
- キジハタ（→p033）ほか

刺網漁業
魚の通り道を遮断するように網を張り、網目に刺させたり、からませたりして魚をつかまえる方法です。網の設置場所によって、大きく「底刺網漁」と「浮刺網漁」に分けられます。底刺網漁は海底に袋状の網をおろして海底付近にいる魚をとります。浮刺網漁は水面近くに網を張り、その両端または一端をいかりで固定して用います。

2 天然の生簀、富山湾

かごなわ漁業

おもな漁獲物

- ベニズワイガニ（→p052）
- トヤマエビ（→p051）
- アマエビ（ホッコクアカエビ）（→p051）
- バイ（→p058）ほか

おもな操業パターン

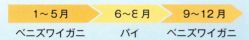

1～5月	6～8月	9～12月
ベニズワイガニ	バイ	ベニズワイガニ

小型機船底びき網漁業

おもな漁獲物

- シロエビ（→p050）
- アマエビ（ホッコクアカエビ）（→p051）
- ズワイガニ（→p052）ほか

おもな操業パターン

12～3月	4～11月
アマエビ	シロエビ

かごなわ漁業

えさを取り付けたかごを海底に仕掛け、においにつられて入ってきたベニズワイやトヤマエビ、アマエビ、バイなどをとる漁法です。効率的に魚介類を集められるだけでなく、網をひくことがむずかしい深海や、起伏に富んだ場所での漁が可能となるので、湾の奥に深い谷間が数多くきざまれている富山湾では盛んに行われています。

小型機船底びき網漁業

その名のとおり、小型機船で網をひいて魚介類をとる漁法です。約60メートルの袋状の網を、漁場の水深に合わせて網をひくためのロープの長さを調節します。シロエビやアマエビのほか、ズワイガニなど底にすむものもとられます。

第1部
海の恵みが育んだすしの文化

白身王国

栄養豊かな深い海でふくよかに育つ

　魚は身の色によって大きく白身魚と赤身魚に分けられます(→p042, 043)。赤身魚はマグロのような回遊型の長距離ランナー的な魚、白身魚はヒラメやカレイのように身をひそめて生息し、獲物をとる時や逃げる時に瞬発力を生かして泳ぐ魚に多くみられます。冷たい日本海固有水に満たされ、海底深くに多くの谷が入り組んだ富山湾は冷水性、深海性の魚にとって格好な環境です。これらの魚の多くは身が白く、富山湾では白身の魚が豊富にとれます。さらに立山連峰から流れ込む水が豊かな栄養分を運んでくるため魚たちはふくよかに味よく育ちます。

　富山は漁場から港までの距離が近く、新鮮なまま魚を運ぶことができます。抜群の鮮度を誇るキトキトの白身をそのまますしで握れば弾むような食感が味わえますし、昆布締めにして少し寝かせてもまた、ほどよくねっとりとした濃厚な味わいが生まれます。

喉黒 ノドグロ
（アカムツ）

Blackthroat seaperch

富山では「魚神(ぎょしん)」と呼ぶ地域もあります。透き通るようにきれいな白身で、上質な脂が身に細かく混ざっていて、キラキラ光って見えることがあります。さすが高級魚として知られるだけあって、白身ながら厚みのある味わいは「白身のトロ」と呼ばれています。炙(あぶ)りにもされます。朱色の美しい魚体ですが口の奥は真っ黒でその名の由来となっています。

生息場所／表層〜深場
主な漁法／定置網漁、刺網漁
盛漁期／春〜秋

PHOTO: PIXTA

桜鱒 サクラマス
Cherry salmon

富山県では、古くは名物の「ますずし」として知られてきた魚です。桜色の身に呼応するかのような、しっとりとした身と淡いうま味が、白いすし飯に美しくなじみます。渓流の女王と呼ばれる「ヤマメ」と同じ魚で、海に下ってたっぷりと餌を食べて、大きく成長したものが「サクラマス」になります。（→p017）

生息場所／河川上流〜表層
主な漁法／流し網漁、流し刺網漁、投網漁、養殖

鮎 アユ
Ayu fish

©TOYAMA PREF. MARKET STRATEGY PROMOTION DIVISION

爽やかな香りと淡白ながらも上品な甘味が特徴で、川魚らしい繊細な味わいが楽しめます。清流に生息し「香魚（こうぎょ）」とも呼ばれます。豊富な雪解け水が流れる清流がアユの生息に適しており、そこで育ったアユは特に香り高く良質です。富山では江戸時代ではアユをなれずしにして食べられていました。（→p014）

生息場所／河川上流〜表層
主な漁法／友釣り、毛針釣り

SCIENCE POINT ❸

サケ・マスの仲間

日本では、サケとは海でとれた大型のもの、マスとは川や湖といった淡水でとれた小さなもの、という大雑把な分け方で認識をしています。「大雑把」になってしまうのは、昔から、姿形が似ているというだけで、種類がよくわからないままいろいろな名前をつけていたからです。ここで分類学的に整理すると、サケもマスも、まず同じサケ科です。サケ科は「サケ属」「ニジマス属」「イワナ属」に分けられ、それぞれはまた以下のように分けられます。

【サケ属】サケ　サクラマス　ベニザケ　ギンザケ
　　　　カラフトマス　マスノスケ
【ニジマス属】ニジマス　ブラウントラウト
【イワナ属】イワナ　オショロコマ　カワマス

同じサケ科の仲間とはいえ生態は異なり、サケ、サクラマス、ベニザケなどは一生に1回のみ産卵した後に死亡しますが、ニジマスのなかには産卵後も生き残り、海に戻ったあと再び河川へ遡上して産卵するものもいます。また、生活域もさまざまなタイプがあり、一生の一時期を海で暮らすものと、一生を川で生活するものとがあります。サクラマスには海に下る降海型と、川で一生を過ごす陸封型があり、後者がヤマメです。（→p094）ベニザケは幼魚期の1〜2年を湖沼で生活し、その後、降海型とヒメマスと呼ばれる陸封型に分かれます。

第1部
海の恵みが育んだすしの文化

真鯛 マダイ
Red seabream

祝いの魚として日本人になじみが深いマダイは、富山湾では「アカダイ」と呼ばれます。風格のある姿形と華やかな色、深い味わいは「百魚の王」にふさわしい魚です。とれたてはコリコリした食感ですが、大きなサイズのものは寝かせることでやわらかさをまとい、すし飯となじむほどよい食感にまとまります。

生息場所／表層
主な漁法／定置網漁
盛漁期／春〜夏

蓮子鯛 レンコダイ
（キダイ）
Yellow porgy

タイの名にふさわしく、透明感のあるみずみずしい白身に血合いが美しく映えます。優雅な甘味と風味を持ち、ほどよい食感とともにすし飯とのバランスのよさが楽しめます。

生息場所／表層
主な漁法／定置網漁

2 天然の生簀、富山湾

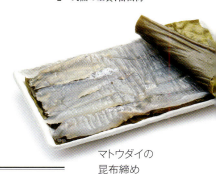
マトウダイの
昆布締め

馬頭鯛 マトウダイ
（マト）

John dory

馬の頭のような顔つきなので馬頭ダイ、あるいは体の横にある黒い的があるから的ダイともいわれています。国内では太平洋側より日本海側でよく食べられます。非常に繊細で上質なうま味を持ち、高級なすしダネとされています。フランスではムニエルの定番です。

生息場所／表層
主な漁法／定置網漁
盛漁期／冬

紋ダイとも呼ばれます
©TOYAMA PREF. MARKET STRATEGY PROMOTION DIVISION

雉子羽太 キジハタ

Red spotted grouper

雉のような姿からその名がありますが富山では「ナメラ」「ヨネズ」「ヤマドリ」「アカラ」関西では「アコウ」とも呼ばれています。沿岸の岩場に生息し、最初は雌として成熟し、成長すると雄に性転換します。透き通るような白身にしっかりとした弾力があり、うま味と甘味が凝縮された味は高級魚として扱われています。

生息場所／表層
主な漁法／定置網漁、刺網漁
盛漁期／夏〜秋

PHOTO: ADOBE STOCK

033

第1部
海の恵みが育んだすしの文化

鰈 カレイ
Marbled sole

淡白ながらも上品な甘味と繊細な食感が特徴です。新鮮なものは滑らかな舌触りとほのかな甘味が楽しめます。底生魚（ていせいぎょ）で、砂地に身を潜めながら生活します。深海ならではの富山湾の豊富な餌環境がカレイの成長に適しており、大きく育って身も良質です。

生息場所／表層〜深場
主な漁法／刺網漁
盛漁期／冬〜春

PHOTO: PIXTA

鮃 ヒラメ
Olive flounder

白さのなかにごく薄く飴色がかった白身は脂がのっている証しです。脂がのっているのに淡泊で上品な味わいは「冬の白身の王様」と呼ばれる所以（ゆえん）。ヒラメは季節の水温変化に応じて移動する魚で、富山は生息の分布上では西の終点にあたります。富山湾は居心地がよく、ヒラメにとって離れたくなくなる場所のようです。よく動くために濃いうま味と弾むような食感が持ち味であるエンガワも、人気ダネのひとつです。

生息場所／表層　主な漁法／刺網漁、定置網漁
盛漁期／冬〜春

赤鯥 アカマス
Red barracuda

富山で水揚げされるカマスはほとんどがこのアカマスで、干物・焼き物としてポピュラーです。その美味しさは秋ナスならぬ「秋カマスは嫁に食わすな」ということわざもあるほどです。身がやわらかく擦れるとウロコがはがれやすいため、鮮度が落ちやすく生食がむずかしかったのですが、流通が発達した昨今ではすしや刺身にできるようになりました。生で食べると食感のやわらかさがダイレクトに伝わり、白身でありながら脂が適度にのっていることが感じられます。

生息場所／表層
主な漁法／定置網漁
盛漁期／秋

サンマに似た細長い体
©TOYAMA PREF. MARKET STRATEGY PROMOTION DIVISION

魴鮄 ホウボウ
Bluefin searobin

頭が大きくて固いことから北陸地方では甲冑魚(かっちゅうぎょ)と呼んで武士の間で好まれ、赤い色合いから祝いの魚として用いられてきました。ユニークな名は諸説ありますが浮き袋の振動による泣き声「ボーボー」に由来するといわれています。三対の脚のような器官で砂泥地に潜んでいるエビやカニなどのエサを探しています。身の締まったモチッとした食感と淡泊ながら力強い味わいが印象的で、都市圏では高級魚として扱われます。

生息場所／表層
主な漁法／刺網漁、定置網漁

PHOTO: ADOBE STOCK

第1部　海の恵みが育んだすしの文化

馬面剥 ウマヅラハギ
Black scraper

面長の顔におちょぼ口、キョトンとした丸い目が特徴。分厚い皮をむけば、その様が賭博に負けて身ぐるみをはがされたように見えることから、富山では「バクチコキ」とも呼ばれていました。見た目はなかなかユニークですが、身の美味しさはまるでフグのよう。身は透明感が高く美しく、さっぱりとしたなかにも甘味とうま味が詰まっています。また、ウマヅラハギの魅力は透明感のある大きな肝にもあります。肝の美味しさを楽しむためには、鮮度がよいことが一番です。内臓は傷みやすいですから、鮮度がよいほど甘味が強く、生臭みも出ません。肝を食べれば、魚の鮮度を誇る富山ならではの味わいがわかるはずです。握ったすしにちょんと肝をのせ、ポン酢をかけて食べれば頬もゆるみます。

生息場所／表層　主な漁法／定置網漁
盛漁期／冬

真鱈 マダラ
Pacific cod

全国的には棒鱈（ぼうだら）、塩鱈（しおだら）などの加工品や鍋料理などで有名ですが、とれたてのマダラが手に入る富山なら刺身やすしでも食べられます。鮮度のよいマダラの個性的な香りととろりとしたなめらかな質感がすし飯になじみます。昆布締めにして身を締めれば、さらにその持ち味とうま味の強さを発揮します。また、白子も美味。すしにしても格別です。

生息場所／深場　主な漁法／定置網漁
盛漁期／秋～春

各社それぞれデザインの意匠を凝らした
富山の細工かまぼこ（左）と昆布巻きかまぼこ（下）

SCIENCE POINT ❹

白身魚とかまぼこ

豊かな海で豊富な魚がとれる富山県では、魚の加工品であるかまぼこが祝い事や日常の食卓に欠かせない存在として根づいています。

富山のかまぼこには板がなく、昆布巻きにした「昆布巻きかまぼこ」が「富山名産 昆布巻きかまぼこ」として、地域ブランドに登録されています。昆布がかまぼこ板のように水分調整の役割をするとともに、渦巻状にすることで昆布のうま味が均等にかまぼこに染み込みます。これはかつて富山が北前船(→p060)の主要中継地であり、重要な交易品である昆布が豊富にもたらされたことに由来します。伝統的には富山湾で豊富にとれる新鮮な魚をすり身にして、北海道産の真昆布で渦巻状に巻き上げます。また、慶事に用意される細工かまぼこも名産品となっています。

かまぼこに使われる魚は主に白身魚です。魚のタンパク質には筋原線維タンパク質、筋形質タンパク質、肉基質タンパク質（コラーゲン）があり、これらが調理の工程で複雑に変化することで、かまぼこ独特の弾むような食感になっていきます。特に筋原線維タンパク質の変化が、かまぼこの弾力に大きくかかわっています。

ポイント1 塩によってできるすり身の網目構造

魚肉に塩を加えてすりつぶすことで、筋原線維タンパク質のアクチンとミオシンという物質が溶け出して、アクトミオシンとして複雑に絡み合って網目状になります。網目状のアクトミオシンは水や水に溶ける物質を抱え込める性質を持ち、保水性が増します。そして魚肉そのものは粘りのあるペースト状のすり身になっていきます。さらに10～15℃で18時間～20時間放置、または30～40℃で60～90分放置すると、網目構造がどんどん強くなっていきます。この放置する伝統的な工程を「すわり」といいます。

ポイント2 加熱によって固まる網目構造

すり身を加熱すると、網目状のタンパク質が固まってほぐれない構造となって、そのまま水や水に溶ける物質を抱え込むことができます。それが弾むような食感を生みます（ゲル化）。

ところで、富山のかまぼこは他県のものに比べてやわらかめですが、これには大きくふたつの理由が考えられます。ひとつは「水さらし」の工程が少ないこと。かまぼこを作る工程で、筋原線維タンパク質をしっかりと変化させるために最初に魚肉を多量の水に漬け込んで、不要な脂質などを洗う作業を行います。これを「水さらし」といいます。余分な脂肪成分がなくなることで、筋原線維タンパク質が濃縮され、色も白くなり、しっかりとした食感の白いかまぼこができます。富山県の場合、魚本来の味を重視する嗜好が強いため、この水さらし工程が少ないといわれています。かまぼこの色も昔は少し黒ずんでいました。また、この水さらしでは使う水の硬度によって食感に違いが出ます。カルシウムなどのイオンが多く含まれる硬水になるほど、強い弾力が生まれます。富山は軟水です。

もうひとつは、店舗にもよりますが、やわらかめのかまぼこには一般的な「すわり（→前述左段）」の工程を行っていないものがあります。

日本各地にかまぼこがありますが、地域によって水質が異なるため、かまぼこの食感も本来異なるものです。軟水であり、魚の持ち味を生かそうとする気持ちが、昆布で巻いたり細工をしたりするのに適したすり身を作り出したといえるでしょう。

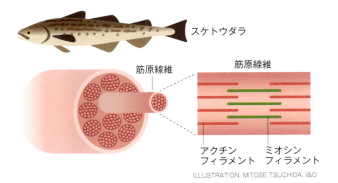

図　網目構造をつくるアクチンとミオシン

第1部
海の恵みが育んだすしの文化

近海の赤身魚

鉄分を感じさせる爽やかな酸味と香り

　赤身魚といえばマグロやカツオ、ブリのような回遊魚です。回遊する魚は日本列島のまわりを囲む暖流や寒流にのって、餌を求めて泳ぎ続けます。そのため回遊魚は血中に酸素をたくわえる必要があり、その役割を担う赤色の色素であるミオグロビンをたっぷり含んで身が赤くなり、血合いも多くなります。赤色の身と真っ白なすし飯のコントラストが鮮やかで、口に含むと脂肪の濃厚な味わいと、鉄分を感じさせるさわやかな酸味と香りが広がります。

　日本海側には暖流である対馬海流が北に向かって流れていて、富山湾にもその一部が能登半島に沿って入ってきます。このため、暖流系の魚であるマグロがこの流れにのって富山湾に入ってきます。

メジマグロ
（3歳以下のクロマグロ）

黒鮪 クロマグロ
Bluefin tuna

赤身魚の王者はマグロです。すし店でマグロと呼ばれるものには日本でとれるものはクロマグロ、ミナミマグロ、メバチマグロ、キハダマグロ、ビンチョウマグロの5種類がありますが、このなかでクロマグロ（ホンマグロ）がもっとも高い人気を誇ります。そして夏に近海でとれるクロマグロを富山では「氷見マグロ」と呼んでいます。

口に入れると肌理（きめ）が細かくねっとりした食感が伝わり、脂の濃厚な味わいとともにスッと鼻に抜ける血の香りが魅力です。クロマグロというと太平洋側の人には太平洋を泳ぐイメージがありますが、日本海側の人は日本海を泳ぐイメージも持っています。なぜなら回遊魚であるクロマグロは獲物を追いかけて、夏の間は能登半島や富山湾を通って、マグロの漁場のビッグブランドである青森県・大間に向かうルートをとります。その際、能登半島に近い氷見沖は回遊魚が入り込みやすく、定置網にかかった天然でとれたてのクロマグロが初夏の短い期間だけ味わえます。これが氷見マグロです。夏のマグロは脂のノリはやさしく、濃厚ながらさわやかな余韻が残ります。

生息場所／表層　主な漁法／定置網漁
盛漁期／春〜夏

梶木 カジキ

Indo Pacific sailfish, Black marlin

富山では「サス」と呼ばれます。その他、バショウカジキの名もあります。水中で泳ぐときは、種類によっては時速100キロメートルに達するほどの魚界のスプリンターです。赤色の身は締まっていますがほどよく脂も持ち、赤色の身に白い脂がきれいな層となって、トロのようにとろける食感が特徴です。昆布締めで有名な富山ですが、そのなかでもっとも定番なものが「サスの昆布締め」。昆布が余分な水分を吸ってさらに身が引き締まり、うま味も加わって芳醇(ほうじゅん)な逸品となります。

生息場所／表層　主な漁法／定置網漁
盛漁期／夏〜秋

**クロマグロは
出世魚のひとつ**

クロマグロは成長過程の
大きさによって名称が
変化していきます。

ILLUSTRATION: I&O

第1部
海の恵みが育んだすしの文化

マグロの柵(サク)

サイズが大きなマグロは一尾そのままを仕入れることはなく、ブロックで仕入れます。脂のノリや血潮の風味などそれぞれの部位で味が異なるため、すし店では同じマグロでも「赤身」「中トロ」「大トロ」など、呼び名を変えて注文します。

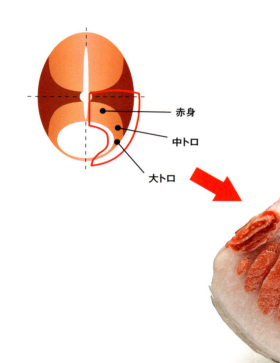

- 赤身
- 中トロ
- 大トロ

大トロ
Ootoro / Fatty part

頭部に近い腹部からとれる希少部位です。脂は不飽和脂肪酸が多いため融点が低く、口に入れるとすぐに溶けます。これがとろけるような食感の秘密です。

PHOTO: RYOICHI YAMASHITA
ILLUSTRATION: I&O

2　天然の生簀、富山湾

血合い
Chiai / Dark muscle fish

食べられることはほとんどありません。

赤身
Akami / Lean tuna

背中部や背骨周辺からとれる一般的なマグロの身です。マグロ本来のうま味やほどよい血潮の酸味が味わえます。ヅケ（醤油漬け）にも使われます。

中トロ
Chutoro / Medium fatty part

腹部だけでなく背中部からもとれます。赤身と脂が合わさったダブルの美味が味わえます。

第1部　海の恵みが育んだすしの文化

赤身と白身 ── 魚の個性を表すすしダネの色

赤身魚
Red-fleshed fish

回遊魚	
運動量	多い
筋肉の色	赤い
色素タンパク質量	多い
血合い	多い
うま味成分	多い
筋肉	やわらかめ

クロマグロ（赤身魚）
富山湾で漁獲されるものは幼魚が多く、大型のものは少ない。WCPFC（中西部太平洋まぐろ類委員会）では、資源維持のため漁獲水準を管理している。
（魚津水族館『富山のさかな』より）

©TOYAMA PREF. MARKET STRATEGY PROMOTION DIVISION

　春にはホタルイカ、タイ、カレイにイワシ、夏にはシロエビやバイ、ノドグロ、秋にはキジハタ、アカカマス、ベニズワイガニ、そして冬には、ブリ、ウマヅラハギ、ヒラメ……すしダネのケースに並ぶ富山の海の幸は季節によって少しずつ色合いが変わります。
　「今日の白身は何？」「そろそろ赤身にしようかな」「ここの光りものはうまいねぇ」といったすし店での会話には、すしダネ、つまり魚の身の色がしばしば登場します。これは生物学上の分類ではありませんが、色の違いは身質の違いを反映しています。

　筋肉（身）が赤色で血合いが多いものを赤身魚と呼び、筋肉が白色で血合いが少ないものを白身魚と呼びます。イワシやアジ、コハダなどを指す光りものという呼称

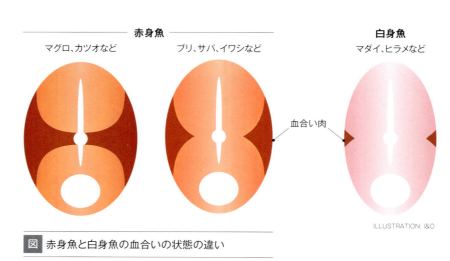

ILLUSTRATION: I&O

図 赤身魚と白身魚の血合いの状態の違い

白身魚
White-fleshed fish

中層・底生魚

運動量	多くない
筋肉の色	白い
色素タンパク質量	少ない
血合い	ほとんどない
筋肉	硬め

マコガレイ（白身魚）
カレイの仲間のなかでも味は上位。歯応えと甘味のある白身は刺身で最高。
（魚津水族館『富山のさかな』より）

©TOYAMA PREF. MARKET STRATEGY PROMOTION DIVISION

はすし店独特で、魚の表面が光ることから名づけられました。光りものの身は赤いので、赤身魚として分類されます。

　赤色の秘密は魚の筋肉を構成する筋繊維に含まれるミオグロビンという赤色の色素タンパク質で、ミオグロビンは血中の酸素を貯蔵する役割を果たします。マグロやカツオ、ブリのような回遊魚は長距離を泳ぐため、筋肉を動かす酸素をミオグロビンに貯蔵しており、これが赤い身の理由です。いっぽうヒラメやカレイ、タイなどは瞬発的な力を必要とする短距離ランナーであり、赤身魚ほど筋肉を動かすための酸素を必要としないため、身が白くなります。

　赤身魚と白身魚は色以外にも違いがあります。筋繊維は、ゼリー状の筋形質タンパク質が、繊維状の筋原線維タンパク質の間を満たす構造をしています。白身魚は筋原線維タンパク質が多く、筋形質タンパク質が少なく、赤身魚はその逆です。この構造の違いにより、白身魚は非加熱の状態でしっかりとした弾むようなテクスチャーを持ち、加熱するとホロホロと身がほぐれ、赤身魚は非加熱では白身魚よりはやわらかく、加熱すると硬くなります。

　握りずしの代名詞である江戸前は江戸湾に由来し、古くから白身魚が多く生息していました。ここにはカツオなどの太平洋からの回遊魚も集まります。いっぽう天然の生簀とも称される富山湾にも白身魚が豊富で、そこにブリなどの日本海からの回遊魚が寄ってきます。時代や土地は異なりますが、すしが根づく背景は共通しています。

第1部
海の恵みが育んだすしの文化

光りものと青魚

締めるもよし。鮮度のよいものを生でもよし。

　水産学上では魚は赤身魚と白身魚のふたつに分けられますが、すし店には独特の「光りもの」という呼び方があります。その名の通り皮が光るもので、コハダやイワシ、キス、サヨリなどをさします。江戸時代の江戸湾ではこの光りものがよくとれました。光りものは「足が早い」つまり傷みやすいのですが、江戸当時は冷蔵庫も輸送手段もありません。そこで、早めに塩や酢で締めて保存性を高め、すしダネとして握っていました。

　新鮮なものが手に入る昨今では、この光りものが新鮮な状態で食べられるようになり、生※のイワシやサヨリ、キスも人気のすしダネとなっています。新鮮な光りものは富山の「キトキト力」が発揮されるすしダネといえます。また富山では定置網漁なので魚を傷つけにくく、鮮度だけではなく漁法も、傷みやすい光りものに適しているといえるでしょう。

　ところで、サバやブリは「光りもの」といわれたり「青魚」といわれたり、少々、ややこしい位置づけです。水産学上ではどちらも赤身魚ですが、青魚と呼ばれることもあります。ただ青魚とは光沢のある青みがかった魚を指す呼び名で、すし用語というよりも釣り場や魚市場などで用いられる言葉です。

※魚介類の生食によるアニサキス（幼虫）の食中毒を予防するため、鮮魚はすぐに内臓を取り除くことが大切です。また、十分に冷凍（－20℃で24時間以上）すれば幼虫は死にます。

真鰯 マイワシ

Japanese sardine

マイワシの旬は一般的に夏から秋といわれますが、「春鰯（はるいわし）」という俳句の季語があるように、日本海側では春先が盛漁期です。イワシは身質が傷みやすく、時間が経つと強い匂いがたってくるので、美味しく食べるなら傷みにくい漁法と口に入るまでの時間が勝負となってきます。大衆魚のイメージはありますが、イワシの生をすしで握ると、うっすらと青く光る姿形がとても美しく、脂がのりきってトロリとした身質には心地よい甘味があります。富山で食べれば、その魅力を存分に堪能できます。春のホタルイカ定置網に大量に入り込むこともあります。

生息場所／表層
主な漁法／定置網漁
盛漁期／冬〜春

PHOTO: ADOBE STOCK

真鯵 マアジ
horse-mackerel

日本各地の沿岸に群れで生息し、富山湾では安定して定置網漁で大量にとれます。味のよさからその名がついたとされ、旬の夏には脂とうま味がしっかりのって、身も肉厚になってきます。握りのアジにアサツキやショウガなどをのせると、爽快なあと味が魅力です。

生息場所／表層
主な漁法／定置網漁
盛漁期／冬〜初夏

真鯖 マサバ
Chub mackerel

日本各地の沿岸を中心に春から夏にかけて産卵しながら北上し、秋から冬にかけて南下する回遊魚です。「秋サバ」といえば南下を始める9月〜10月のマサバです。この時季のサバは脂肪が身に入り込み、締まった身とのバランスがとれた美味しさを醸します。特に冬の1、2月の「寒サバ」は「トロサバ」とも呼ばれ、トロリとした味わいが加わります。

生息場所／表層
主な漁法／定置網漁
盛漁期／冬〜初夏

SCIENCE POINT ❻

光りものはなぜ光る？

光の正体はグアニンという物質で、ウロコについている色素細胞のなかに小さい結晶板の形で存在しています。このグアニンが光をよく反射するので光って見えます。写真はコハダ（コノシロ）。

PHOTO: RYOICHI YAMASHITA

第1部
海の恵みが育んだすしの文化

ブリ御三家　－同じアジ科ブリ属の似ている三種－

鰤 ブリ
Yellowtail

晩秋から冬になると、まるでおびき出されたようにブリの大群が富山湾に押し寄せてきます。「寒ブリ」と呼ばれるその身はトロリとした食感とまろやかな深い味わいで、富山湾の冬の王者です。新鮮な身をすしで食すと、締まっていながらやわらかな身に入り込んだ細やかな脂が口にとけ、すし飯と一体となった甘い余韻が楽しめます。

氷見と新湊はブリの名産地として広く知られ、特に氷見で水揚げされる寒ブリは、古くから「ひみ寒ぶり」と呼ばれ、高値で取り引きされます。「ひみ寒ぶり」を名のるには富山湾の定置網でとられ、氷見魚市場で競られたもので重さ7キロを超えて身が太っていることが条件です。

生息場所／表層
主な漁法／定置網漁
盛漁期／秋～冬

ブリトロ

SCIENCE POINT ⑦

ブリ御三家の見分け方

ブリ

ヒラマサ

カンパチ

ILLUSTRATION: I&O

ブリは上部と下部が青色と白色でくっきり分かれており、その境界線に黄色いラインがあります。このラインは少し胸ヒレから離れています。また、口角は角張り、全体的に丸みを帯びた体です。

ヒラマサはブリと同じく体に黄色いラインがありますが、黄色いラインが胸ヒレにくっついています。また、口角が少し丸く、ブリと比べて遊泳力が高くて全体的に平たい体をしています。

カンパチは体全体が黄色く、頭部左右の目から背にかけて斜めに走る太い暗褐色の線があります。顔を上正面から見るとこの線が「八」の字に見えます。これが名の由来となっています。

ヒラマサ
PHOTO: ADOBE STOCK

平政 ヒラマサ
Yellowtail amberjack

一般的には「冬のブリ、夏のヒラマサ」といいますが、富山湾では秋に最漁期を迎えます。ブリに比べて漁獲量は少なく、希少性があるので高級魚として知られています。脂のノリは青魚のなかではもっとも淡泊で、身質がよく締まっています。すし飯になじんだコリッとした食感と端正な味わいはすがすがしさを感じるほどです。

生息場所／表層
主な漁法／定置網漁
盛漁期／秋〜冬

トロ

中トロ

関八 カンパチ
Greater amberjack

「八」の字の模様が見えることからその名があります。昨今ではブリもカンパチも養殖ものが多く出回っていますが、富山なら地元の定置網漁でとれた鮮度の高い天然ものが食べられます。カンパチの密度の高い身質は引き締まり、ほどよくのった脂と上品なうま味が秋を感じる季節にしっくりとなじみます。ヅケにしてもまた美味です。

生息場所／表層
主な漁法／定置網漁
盛漁期／秋

SCIENCE POINT ⑧

ブリは出世魚 富山での呼び名

ブリは成長するにしたがって呼び名が変わる出世魚です。

モジャコ 稚魚 ／ ツバイソ 20〜30cm ／ フクラギ 30〜45cm ／ ガンド 50〜60cm ／ ブリ 60cm〜

ILLUSTRATION: I&O

047

COLUMN 富山県のなれずし

富山県のなれずし

文/経沢信弘
料理人・郷土料理研究家

城端別院善徳寺の鯖ずし

なれずし

　日本の食文化は、発酵食品が基本となっている。味噌・醤油・酒・納豆・味醂・酢など日本人になじみの深いものばかりである。地方を歩いているとその土地に根づいた味覚というものがある。他の土地の人から見ると「なぜ？」と不思議に思えるような味である。この「土地に根づいた味覚」が顕著にみられるのが日本海沿岸の発酵食品だ。その一つが「なれずし」である。「なれずし」は、塩蔵した魚を米飯とともに漬け込み、熟成させた発酵食品である。

　「なれずし」の発酵は米飯の乳酸発酵によるもので、保存性が付与され、特有の腐敗したような匂いや酸味が醸し出される。このため「なれずし」の「すし」の語源は「酢し」、「酸っぱい」という形容からきているとの説がある。「すし」の意味には諸説が多いが「なれずし」の起源に関しては東南アジアとする考えが定着している。日本に伝播した時期は、奈良時代以前とされ、稲作とともに伝来したのではないかと言われている。

井波別院瑞泉寺の鯖ずし

　井波別院瑞泉寺は本願寺第5世綽如上人が明徳元年（1390）に開創し、すでに600年を超える歴史がある。天正9年（1581）佐々成正の兵火に遭い、また宝暦12年（1762）と明治12年（1879）にも火災に遭い焼失した。しかし都度念仏、門法の道場、心の拠り所として多くの門徒の念願によって再建され、現在に至っている。

　瑞泉寺の太子伝会は江戸期18世紀の中頃、瑞泉寺第12代真照（桃化）が始めたとされる。井波の夏の風物詩として親しまれている、瑞泉寺の重要な行事でもある。現在は毎年7月21日の午後から29日の正午まで（25日から28日は特に夜9時まで）行われる。この間、後小松天皇から下賜されたと伝わる8幅の聖徳太子の生涯を描いた聖徳太子絵伝を太子堂内陣に並べて、僧侶が絵解き説法をする。太子伝会期間中は5月中頃漬け込まれた、名物の鯖ずしの入った弁当が、昼のお斎（おとき＝食事）として配られる。

瑞泉寺の碑

瑞泉寺のおとき

鯖ずしの仕込み

- 春先（2月）に富山湾でとれた真鯖を三枚におろして塩漬けにする。
- 5月中旬、塩鯖を水に晒し塩抜きする。
- 鯖、塩、冷ましたご飯、麹、山椒の葉、刻んだ唐辛子を順番に層にして酒を振り、押さえつけながら積み重ねてゆく。
- 約30キロの重しをして杉樽に詰め込んで暗室に保管する。
- 約2カ月後取り出しラップで包み、冷凍庫に保存し、太子伝会当日切り分け、お斎につける。「鯖ずし」の起源は定かではないが、鯖ずしを漬け込む樽の一つに明治の銘がある。おそらく明治16年（1883）の火災の後、再建した時に始まったものと思われる。

砺波地方に多く分布する南無太子仏（聖徳太子像）

杉板に白墨で書かれた分量

杉樽

杉樽につけあがった鯖ずし

城端別院善徳寺の鯖ずし

　城端別院善徳寺は文明年間（1470年頃）本願寺第8代蓮如上人により開基された。数百年来念仏の心を越中の人々と共に守り続けている。

　毎年7月22日から28日まで古文書や宝物を虫干しを兼ね1週間にかけて一般公開するのが虫干法会である。この時、宝物の解説や蓮如上人の絵解きが行われる。

　会期中には善徳寺名物鯖ずしを「御斎」として味わうことができる。

　善徳寺の鯖ずしは近所の鮮魚店で製造販売している。また善徳寺の鯖ずしは麹を使わないことから瑞泉寺より古い形の鯖ずしかと思われる。

城端別院善徳寺　　善徳寺の虫干会

（撮影・著者）

第1部
海の恵みが育んだすしの文化

エビ・カニの楽園

非加熱でもゆでても、濃厚な甘さ

富山湾内の海は三つの水塊から構成されています（→p086）。まず河川水の影響を受けた富山湾浅層水、温暖な対馬暖流水、そして200～300メートルを境にもっと深い部分に水温が1～2℃の日本海固有水の水塊があります。その深い水塊には富山を代表する魚介であるシロエビ、トヤマエビ、アマエビやズワイガニなど冷たい水を好むエビやカニがすんでいます。

江戸前のすしではクルマエビなどをゆでて握られることが多かったのですが、昨今では非加熱のエビも人気となっています。新鮮な非加熱のエビは、ねっとりトロリとした食感とうま味のある甘味が魅力です。甘味の秘密はグリシンというアミノ酸が多く含まれているからです。ねっとり感は加熱するとなくなるので、新鮮なものならば非加熱で食べるのがもっともふさわしいといえるでしょう。まさに富山ずしの本領発揮です。

白海老 シロエビ
（シラエビ、ヒラタエビ、ベッコウエビ）

Japanese glass shrimp

4月に漁が解禁されてから11月までの間、富山で食べたいすしといえば、「富山湾の宝石」（→p023）と称されるシロエビです。全国的にはシラエビで、その他ヒラタエビ、ベッコウエビとも呼ばれます。小さな小さなエビを1尾ずつ手でむいてむき身にし、握ったり、あるいは軍艦巻きにしてすしにします。真っ白いエビが、同じく白いすし飯の上でも輝きを放っています。上品で繊細な甘味とやわらかな食感が、すし飯にしっくりなじみます。

生息場所／深場
主な漁法／専用の底びき網（中層曳き掛け回し漁）
盛漁期／春～秋

2 天然の生簀、富山湾

胸部（頭部）の白い斑紋が特徴

甘海老 アマエビ
（ホッコクアカエビ）

Boreal prawn

ルビーのように赤く鮮やかな殻をむくと薄ピンク色の透き通った身が現われます。"甘"エビの名にふさわしく、強い甘味を感じます。実はエビに多く含まれる甘味を持つアミノ酸のグリシン量は、他のエビと比べてそれほど多くありませんが、トロミを持っているため甘く感じられます。すし飯にまとわりつくようなねっとり感と甘味の余韻が残ります。ホッコクアカエビとも呼ばれます。

生息場所／深海
主な漁法／船底びき網漁、かごなわ漁
盛漁期／秋～冬

富山海老 トヤマエビ

Pink prawn

富山湾の深海が好漁場となるのでその名があります。駿河湾などで漁獲され、すしにおける非加熱食用エビの王者＝ボタンエビの仲間です。見た目もそっくりで、北海道沿岸では「ボタンエビ」の名で販売されています。よく見ると腹部にはっきりと白い斑紋があるので区別できます。上品な甘味を持ち、ねっとりした食感と濃厚なうま味が持ち味です。

生息場所／深場～深海
主な漁法／かごなわ漁、底びき網漁
盛漁期／春～夏

SCIENCE POINT ❾

オスからメスへの性転換!?

アマエビもトヤマエビもボタンエビも「タラバエビ科」に分類されます。タラバとは鱈場で、タラがすむ寒い海にすみます。タラバエビ科は幼くて小さいものはすべてオスですが、成長途中でメスになります。これは生殖器が精巣から卵巣に変わるためで、大きめのものはすべてメスです。卵を抱いたアマエビやボタンエビは、性転換が終わったエビです。

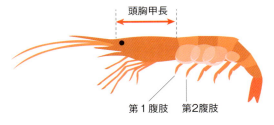

ILLUSTRATION: I&O

アマエビをはじめとするタラバエビ科のエビは、オスからメスへの性転換、さらに抱卵時に、第1腹肢、第2腹肢のかたちが変化する

051

第1部
海の恵みが育んだすしの文化

楚蟹 ズワイガニ
（ズワイ、ホンズワイ）

Snow crab

英語では「タラバガニ」のKing crabと並んでQueen crabとも呼ばれるカニ界の女王です。品のあるうま味は日本海の冬の味覚として愛され、ズワイ、ホンズワイのほか北陸地方では「エチゼンガニ」、山陰地方では「マツバガニ」など多くの地方名があります。若い個体は水深230メートルより浅い海底に、メスは水深250メートル前後、オスはさらに深い海底にすんでいます。メスのズワイガニはコウバコ（香箱）ガニと呼ばれます。オスと比べて小さいですが、腹や甲羅の内側にある卵（外子、内子）や味噌は絶品だと称されます。

生息場所／深場～深海　主な漁法／底びき網漁
盛漁期／秋～冬

紅楚蟹 ベニズワイガニ
（ベニズワイ、ベニ）

Red queen crab

富山湾の冬の味覚を代表するもので、ズワイガニに似ていますがより赤味を帯びています。ズワイガニよりも深い水深で生息しており、身が繊細で鮮度が落ちやすいことから昔は加工品にされていました。でもだからこそ、地元で食べる意味が見直され、その繊細な美味しさは全国的にも人気となっています（→p024）。ベニズワイ、ベニとも呼ばれます。

生息場所／深海
主な漁法／かごなわ漁
盛漁期／秋～春

©TOYAMA TOURISM ORGANIZATION

2 天然の生簀、富山湾

毛蟹 ケガニ
Hairy crab

その名のとおり全身に毛が生えているカニで、富山湾には水深30〜200メートルの砂泥底にすんでいます。富山湾での漁獲量はそれほど多くはないので「レアもの」として取り引きされます。一般的にはゆでて食べられます。繊維質の身はやわらかく、口にふくむとすし飯とともにホロリと味わいが広がっていきます。「身も味噌も美味しい」とすしダネとしてジワジワと人気は上昇中で、濃厚なカニ味噌がのっていたら気分も上がります。

生息場所／深場
主な漁法／底びき網漁

SCIENCE POINT ⑩

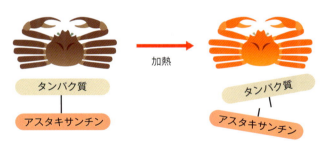

ゆでてカニが赤くなる

ILLUSTRATION: I&O

カニの赤色の秘密

カニにはベニズワイガニのように赤色のものと、タラバガニ（ヤドカリの仲間）やワタリガニのように黒っぽい色のものがあります。一般的にほかの魚介類と同様、水深が浅いところにすむカニは黒っぽく、深いところにすむカニは赤っぽくなります。この赤色はアスタキサンチンという色素で、ニンジンやトマトの赤色、橙色を示すカロテノイドというグループに属します。

陸の上で見ると赤色は目立ちますが、水のなかでは目立たない色です。水深200メートルより深い深海にすむ魚の多くがベニズワイガニのほかノドグロ、キンキ、キンメダイ、ホウボウなどすべて赤い色をしています。

太陽の光には目に見える可視光線と赤外線や紫外線が含まれています。さらに可視光線はいろいろな色が混ざり合ってできています。光は水の中に入ると、水分子に吸収されていきます。水分子は赤色や黄色の光は吸収しやすく、青色や緑色の光は吸収されにくいという性質があります。つまり深海は赤色の光がほとんどなく、青色の光ばかりということになります。反射させる赤色の光がないので、赤色の魚介は黒く見えます。

ところで、黒っぽいカニにもアスタキサンチンは含まれています。生のときはタンパク質と結びついているので赤色が現れなくて黒っぽい青藍色をしていますが、加熱するとタンパク質が熱によって変性し、アスタキサンチンが離れるので赤色が現れます。

水中でのカニの見え方

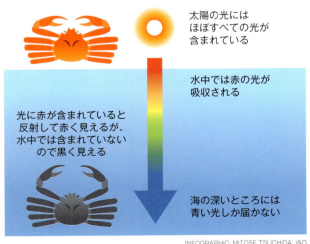

INFOGRAPHIC: MITOSE TSUCHIDA, I&O

第1部　海の恵みが育んだすしの文化

豊かな軟体動物 イカ・タコ・貝

キトキトならではの弾む食感

　イカやタコ、貝は、魚ほど漁獲量は多くないですが、弾むような食感と深みのあるうま味と甘味で、すしには欠かせない存在です。江戸前ずしでは、以前は煮たりゆでたりして食べられていましたが、昨今では加熱しないものも握られます。イカならばねっとりとした、貝ならばシャクッとした歯ごたえは非加熱ならではの美味しさで、キトキトの街、富山で食べたいすしダネのひとつです。

　なかでもイカは富山県民がよく食べている魚介類で、総務省統計局の家計調査（2021〜2023）によると、イカの支出金額は全国1位となっているほどです。富山湾は春にはホタルイカ、秋にはアオリイカ、冬にはスルメイカというように、季節ごとに種類が異なるイカを年間を通して味わえることが、地元でよく食べられる理由のひとつでしょう。

　また、富山を代表する貝といえばバイで、深海に生息しています。4種類のバイが水揚げされ、これほどの数が同じ場所でとれるのは全国的にも珍しいとされています。

蛍烏賊 ホタルイカ
（マツイカ）

Firefly squid

他県では底びき網で漁獲されますが、富山のホタルイカは定置網で漁獲されます。そのため傷も少なく、漁場から漁港までが近いため鮮度も抜群です。富山のホタルイカが漁獲される3〜5月は産卵期を迎えているため、他県で漁獲されるものより魚体が大きいのも特徴です（→p022）。非加熱で握るときは冷凍ののち解凍した小さなホタルイカを丸ごとのせます。身の甘味が押し寄せ、コリッとした食感も楽しいすしとなります。

生息場所／表層〜深海
主な漁法／定置網漁
盛漁期／春

ホタルイカのワタを調理したもの

ホタルイカの定置網漁

2　天然の生簀、富山湾

PHOTO: ADOBE STOCK

赤烏賊 アカイカ
（ケンサキイカ）

Sword tip squid

富山ではケンサキイカをアカイカと呼びます。濃く赤い体色を持っているのでその名で呼ばれます。強い甘味とねっとりしたやわらかさを持っていて、すし飯によくなじみます。イカのなかでは高級なすしダネです。非常に味がよいため、このイカでつくったするめは「一番するめ」と呼ばれます。

生息場所／表層
主な漁法／定置網漁　いか釣り漁
盛漁期／春〜秋

鯣烏賊 スルメイカ
（マイカ）

Japanese flying squid

日本沿岸の海流にのって北上、南下します。富山湾では１月から３月にかけて北海道沖から南下してくる群れが、４月から５月にかけては北上する群れが入ってきます。各地でとれるなじみのイカであることから「マイカ」とも呼ばれますが、春のものは花見の時期に漁獲されるため「花見イカ」という名もあります。春先のスルメイカは小さくて身がやわらかく、甘味も繊細です。富山にはスルメイカを使った伝統的な珍味に「いかの黒作り」があります。スルメイカの身を細かく切り、いかすみや内臓を混ぜ合わせて熟成させた塩辛の一種で、加賀藩主が参勤交代の折に将軍家に献上していました。

生息場所／表層
主な漁法／定置網漁　いか釣り漁
盛漁期／春、冬

＊アニサキス対策として非加熱でイカを食する場合は-20℃で24時間以上の冷凍をする。

第1部
海の恵みが育んだすしの文化

ヤリイカ

槍烏賊 ヤリイカ
（サイナガ）

Spear squid

寒い時期に美味しくなります。その名のとおり、槍のように細くとがっています。身は薄く、やわらかさのなかに軽やかでコリッとした食感があります。舌に残る心地よい甘味もあとをひき、アオリイカやアカイカは「濃厚な甘さ」が楽しめるとすると、ヤリイカは「上品な甘さ」を楽しむイカといえます。

生息場所／表層
主な漁法／定置網漁
盛漁期／冬〜春

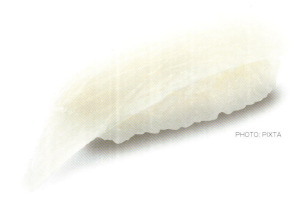

障泥烏賊 アオリイカ
（アオリ）

Bigfin reef squid

ヒレ全体を小刻みに震わせ、煽るように泳ぐところからそう呼ばれます。大きなヒレを使った水中での狩猟はすばやく、ハンターの異名を持っています。そんな狩猟能力の高さを生む筋肉、つまり身は濃厚でねっとりとして弾力のある食感、強い甘味とうま味を持ち、「イカの王者」といわれるほどです。身体が大きく立派で、身がしっかりとしているので、熟成にも耐えられます。鮮度を生かして食べるときは、噛みやすく甘味を感じやすいようにと切れ目が細かく入ったものをよく見かけます。国内での漁獲量が少ないことから、国内産は高級品。それが、富山湾でとれます。

生息場所／表層
主な漁法／定置網漁
盛漁期／秋

©TOYAMA PREF. MARKET STRATEGY PROMOTION DIVISION

真蛸 マダコ

Common octopus

日本はタコをよく食べますが、近年では収穫量が減って多くは輸入されています。とはいえ各地で漁獲され、富山湾もその一つです。生きているときは黄褐色、赤褐色、暗褐色など、すむ場所によって色を変えます。また、不規則な斑点を持っていて、これは新鮮なマダコの証しになっています。すしダネにするときはたいていゆでたり、煮たりされますが、鮮度が落ちたタコは皮がはがれやすくなります。加熱後のタコを美味しく美しく仕上げるためにも鮮度は大事です。マダコはふだん昼間は岩場の隙間や海底の穴のなかに潜み、夜になるとエサを求めて活動します。その習性を利用したものが、タコの隠れ家として壺を使ったタコ壺漁です。エビやカニなどが大好物で、タウリンという高い健康効果が期待されるアミノ酸が多く含まれているのも、旺盛な食欲ゆえでしょう。かむほどに広がる強いうま味と甘味が魅力です。

生息場所／表層
主な漁法／タコ壺漁、定置網漁
盛漁期／春〜秋

SCIENCE POINT ⓫

イカ・タコのうま味

イカやタコには独特の甘さがあります。これはグリシンやアラニン、ベタインといった、甘味とうま味を持つアミノ酸が多いからです。また、魚のうま味成分はATPからの分解物であるイノシン酸ですが、イカやタコはイノシン酸までの分解までの手前で生じるAMPといううま味に関わる成分が多く、それが魚とのうま味の感じ方の違いになっています。

また、コリコリとした食感はコラーゲンというタンパク質が関係しています。魚介類のタンパク質は筋原線維タンパク質、筋形質タンパク質（→p043）のほか、肉（筋）基質タンパク質というものがあります。筋線維を覆う膜をつくる非常に強いタンパク質で、これが主にコラーゲンからなります。筋肉タンパク質に対するコラーゲン量の割合は、イワシやタイ、カツオ、イカは2〜3％ですが、タコは6％も含まれます。非加熱で食べられる魚介のコラーゲン量は3％以内といわれているので、イカは非加熱でもコリコリ感として味わえますが、タコは非加熱のままでは固いです。そのためタコは、ゆでたり煮たりする加熱によってコラーゲンを分解させてやわらかくして食べられることが多いです。

魚のうま味と鮮度の指標

分解経路

鮮度の指標　K値

K値(%)＝(HxR+Hx)÷(ATP+ADP+AMP+IMP+HxR+Hx)×100

・K値は死後の時間経過に伴い徐々に上昇（数値が低いと新鮮）
・K値が20％以下であれば刺身として良好
・一般に赤身魚では分解が速く、タイやヒラメのような白身魚では遅い

第1部
海の恵みが育んだすしの文化

貝 バイ
（バイガイ）

Ivory shell

バイ＝貝の意味を表すほど、日本各地に生息するおなじみの巻き貝です。バイガイと呼ぶ人も多いですが、漢字にすれば「貝貝」となってしまうのでバイと呼ぶほうがより正確です。富山湾には「イシバイ」「アズキバイ」と呼ばれる海岸近くの砂泥地に生息するものと、「オオエッチュウバイ」「カガバイ」「ツバイ」「チヂミエゾボラ（エゾボラモドキ）」のように水深数百メートルに生息する深海性のものがあります。富山ですしダネにされるのは深海性のもので、特に「カガバイ」は富山湾周辺のみしか確認されていない希少なものです。コリコリとした歯ごたえと独特の風味が持ち味で、大きな身は噛みしめるほど甘味とうま味が広がります。「お金がバイになる」「めでたいことが重なる」といわれ、縁起がよい貝としてお祭りや正月の御膳にものぼります。

生息場所／バイ（イシバイ・アズキバイ）　表層
　　　　　カガバイ　深場〜深海
　　　　　オオエッチュウバイ、チヂミエゾボラ、ツバイ　深海
主な漁法／かごなわ漁
盛漁期／夏

ツバイ

オオエッチュウバイ

エゾボラモドキ
©TOYAMA PREF. MARKET STRATEGY PROMOTION DIVISION

SCIENCE POINT ⓬

イカ・タコ・貝の筋肉

すしダネに使う魚介類は、背骨を持つ脊椎（せきつい）動物と背骨を持たない無脊椎動物に分けられます。脊椎動物はブリやタイ、マグロなどの魚類、無脊椎動物はタコやイカ、貝などの軟体動物やエビやカニなどの節足動物です。
脊椎動物は体の内側に骨格があり、たくさんの骨が連結して体を支えています。この骨は筋肉とつながっているので、この筋肉で骨を動かします。いっぽう無脊椎動物は体の外側に骨格があり、骨格の内側の筋肉で骨を動かします。イカの筋肉は体の向きに対して直角の方向に並んだ構造、つまりイカリングがつながったような構造をしています。タコの筋肉は決まった方向性がなく、いろいろな方向からのびた筋肉が複雑にからみあっています。これが、タコがぐにゃぐにゃに動ける秘密です。

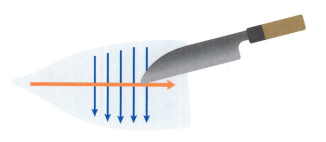

イカの身は横方向に繊維が走っている

ILLUSTRATION: I&O

岩牡蠣 イワガキ
IWAGAKI oyster

冬に旬を迎えるマガキと異なり、夏がもっとも美味しい季節です。富山湾の豊富なプランクトンを食べて育った大きな殻の中の身はぷっくりとして厚みがあり、うま味と栄養がたっぷりです。漁法は素潜りで、防波堤や岩礁などに張り付いているものを「カキ起こし」と呼ばれる鉄製のバールを用いて漁獲します。とれたてのイワガキをすし飯にのせ、身の上からぎゅっと柑橘を絞れば、濃厚さとさわやかさが溶け合います。

生息場所／表層
主な漁法／素潜り
盛漁期／夏

SCIENCE POINT ⑬

岩牡蠣と真牡蠣の違い

日本で流通しているカキといえば大きくイワガキ（岩牡蠣）とマガキ（真牡蠣）に分けられます。イワガキは夏が旬で、富山での最漁期は6月〜8月のおよそ3カ月間です。時間をかけてゆっくりと成長するため、殻と身が非常に大きく育ちます。また、産卵期の数カ月でゆっくりと産卵するため、水温が高い夏の間でも味が落ちることがなく出荷することができます。
マガキはイワガキと比べると小ぶりです。産卵期間中に一気に大量に産卵します。産卵すると体内のグリコーゲン量が下がり、味が落ちます。そのため産卵前の冬の時期が旬とされます。

第1部　海の恵みが育んだすしの文化

すしにも欠かせない昆布

旧北前船主森家所蔵の
北前船絵馬の掛図
PHOTO: KITANIPPON PRESS

©TOYAMA TOURISM ORGANIZATION

新湊漁港の養殖昆布の漁獲風景
PHOTO: KITANIPPON PRESS

昆布が根づく街

　富山県の昆布の県別消費量は全国一*ですが、富山湾で天然の昆布はとれません。それなのになぜ昆布を愛する食文化が根づいているのでしょう？　その理由をひもといていくと、北前船に行き着きます。北前船とは江戸時代中期から明治時代にかけて大阪と北海道を日本海まわりで、日本各地で商品を売り買いしながら行き来していた商船群です。

　富山湾に面した生地や東岩瀬、伏木は北前船の寄港地として栄えました。富山からは主に米、醤油などが積まれ、北海道からは昆布などが運び込まれました。さらに、昆布は富山から薩摩、琉球にも運ばれ、当時、ヨードを抽出するために昆布を必要としていた中国まで流通するようになりました。運搬を手がけた廻船問屋には越中富山の売薬商もいるといわれます。

　昆布流通に大きな役割を担う富山には広く昆布が普及することとなり、昆布巻きや名産の「昆布巻きかまぼこ」、とろろ昆布のおむすびなど多くの料理に使われ、富山の食文化に欠かせない食材として根づいています。

　昨今では富山湾の新湊漁港沖の海域でマコンブの養殖が行われています。ただマコンブは水温が23℃を超えると枯れてしまうため、冬季限定での養殖です。若いまま出荷するためやわらかく、だしをとるのにはむいていませんが、逆にやわらかさが特徴となって「春告げ昆布」として人気が出ています。また、ガゴメコンブの養殖は入善、魚津沖でも行われています。

　すし店でも昆布締めや椀もののだしなど、多く使われています。富山湾からとれた新鮮な魚介類と合わさり、豊かな美味しさを醸し出しています。

＊総務省統計局家計調査（2人以上の世帯）品目別都道府県庁所在市及び政令指定都市ランキング（2021～2023年平均）

SCIENCE POINT 14

アマエビの昆布締め

昆布締めの
アマエビの握り

昆布のうま味成分と昆布締め

昆布にはうま味成分の一つである豊富なグルタミン酸が含まれています。このグルタミン酸はアミノ酸で、魚に含まれるうま味成分であるイノシン酸と合わさると、うま味が強くなります。これを味の相乗効果といいます。イノシン酸は核酸系物質といわれるもので、魚や肉に多く含まれています。昆布の表面に吹き出る白色の粉は、マンニットと呼ばれる水に溶けやすい多糖類で、さわやかな甘味を持っています。

昆布締めは昆布で魚のサクまたは身を挟んでしばらく寝かせる料理法です。昆布のグルタミン酸が魚の身に移り、魚のイノシン酸と合わさって味の相乗効果でうま味が強く感じられるようになります。

さばずしに使われる白板昆布とは？

おぼろ昆布を作る過程で薄く削って最終的に残った「昆布の芯」の部分をきれいに削ったものです。「バッテラ昆布」とも呼ばれます。主に押しずしで使われ、さばずしでは甘酢で煮たものをサバの表面にのせます。

3 すしを生かす豊かな米文化
米どころ富山のいまと昔

「シャリ6割ネタ4割」といわれるほどすし飯の出来は重要です　PHOTO: MASAHIRO KYOGAKU

米どころを築き上げた人々の努力

　富山は歴史的に米との関わりが深い地域です。白ごはんのほか、粥や団子、餅の種類が多く、すしも「なれずし」「かぶらずし」「さばずし」「ますずし」など米から作る数々の料理が食卓にのぼってきました。こうした米料理が古くからしっかりと人々の生活に根づいていることは、何よりも「米どころ」の証しだといえるでしょう。

　今でこそ耕作地の9割が水田ですが、米の主産地である砺波平野や富山平野の大部分は川が運んできた石や砂が河口付近にたまってできた扇状地で、もともとは決して水田に恵まれた土地ではありませんでした。河川が多く集まり、山から海までの距離が近いところは洪水に悩まされてきましたし、冬は積雪で大変です。でも江戸時代の藩の米作奨励策を一つのきっかけに人々は開墾に力を入れ、長い間の努力によって現在では日本有数の米の産地となりました。

　富山はまた「種もみどころ」でもあります。種もみとは、美味しい米を実らせるイネの種子のことです。富山は先のような恵まれた自然環境と伝統的な種もみの採取技術に加えて最新の栽培技術などにより、高品質の種もみが生産され、全国に出荷されています。

　富山の人々の努力が生んだ美味しい米は、新鮮な魚介に寄り添って、富山ならではのすしを形づくります。

すし飯の工夫

すしの美味しさはすし飯の出来によって大きく左右します。「シャリ6割ネタ4割」という言葉があるように、最高のすしダネがあっても、すし飯がよくなかったら美味しいすしになりません。握りたてを持っても崩れず、それでいて口に入れるとハラリと散るようなすし飯が理想とされます。その理想に向けて、各すし店は米の選び方、炊飯法、合わせ酢の合わせ方などに工夫を凝らします。

1 米を選ぶ

米にはそれぞれ個性があります。ごはんの粘りを左右するでんぷん量やたんぱく質、脂質などは米の種類によって異なります。複数の米をブレンドする店もあります。

2 米を炊く

炊飯のために米に加える水の量は、通常のごはんは米の重さの1.5倍を目安にします。すし飯の場合はパラッとした炊きあがりにするため、それよりも少なく、1.0〜1.3倍くらいにします。

3 合わせ酢と合わせる

ごはんに加える合わせ酢は塩と酢が主体です。砂糖を加えることもあります。炊きあがったごはんが熱いうちに合わせ酢をふって粘りが出ないよう、しゃもじを寝かせて切るように混ぜ合わせます。

撮影協力：成希

第1部
海の恵みが育んだすしの文化

PHOTO: ADOBE STOCK

SCIENCE POINT ⑮

アミロースとアミロペクチン

日本で食べられている米は、ふだんのごはんとして食べている「うるち米」と餅やおこわに使われる「もち米」に分けられます。二つの違いは米に含まれるでんぷんの種類によるもので、このでんぷんが、ごはんのおいしさを左右する「粘り」や「硬さ」に大きく関係しています。

うるち米のでんぷんは約20％のアミロースと約80％のアミロペクチンで構成され、もち米は100％のアミロペクチンで構成されています。アミロペクチンが多いと粘りが強くなります。全でんぷんに対するアミロースの割合を「アミロース含量」といい、アミロース含量が粘り気やモチモチ感に大きく影響します。アミロースが多く アミロペクチンが少ないとパラッとした食感の飯になりますし、アミロースが少なく、アミロペクチンが多いと粘りのあるごはんとなります。アミロース含量が5〜10％に抑えた米は「低アミロース米」といわれます。

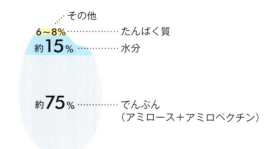

富山で栽培されている主な米の種類

品種名	アミロース	アミロペクチン	備考
コシヒカリ	14〜19%	81〜86%	柔らかくて粘りがあり、甘味にあふれる美味しいコメの王様
てんたかく	15〜20%	80〜85%	富山県オリジナル品種。暑さに強く、適度な粘りと柔らかさを持つ
てんこもり	16〜20%	80〜84%	富山県オリジナル品種。白くて光沢があり、ツヤツヤに炊き上がる
富富富	14〜19%	81〜86%	富山県のブランド米。暑さに強く、バランスのよいうま味と甘味を持つ
ミルキークイーン	8〜10%	90〜92%	粘りが強くモチモチふっくらとした感触で、冷めても固くなりにくい

※低アミロース米はアミロース含量が5〜10%　※アミロース含量は栽培地域、気候によって変動します

うるち米

SCIENCE POINT 16

でんぷんの糊化(こか)とすし飯の食感

米のなかのでんぷんは分子が糖の鎖同士の結合によって強く絡み合っているため、結晶構造というとても固い構造をしています。水を加えて加熱すると結合が解かれ、糖の鎖の間に水の分子が入り込み、でんぷん全体が膨張していきます。この現象を糊化といいます。糊化によってごはんのふんわりとした食感が生まれます。糊化したでんぷん（α-デンプン）を冷やすと、糖鎖から水の分子が離れてまた結合が再形成され、結晶状態に戻ろうとします。これを老化(ろうか)といいます。酢と塩、あるいはそれに砂糖を加えただけの合わせ酢でまとめたすし飯は、冷めて老化したでんぷん（β-デンプン）になると固くなります。そこで、多くのすし店が、ひと肌程度のあたたかいすし飯で握り「口のなかでハラリと崩れる」食感のすしをめざします。

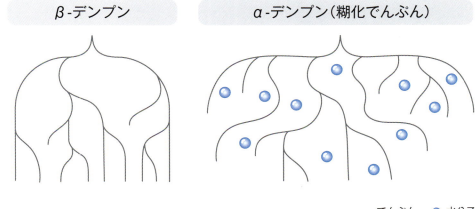

β-デンプン　　α-デンプン（糊化でんぷん）

――でんぷん　●水分子

富山の醤油をそのまま、あるいは煮切りで

　とれたてのイカや白身魚にちょこっと塩をのせる、あるいはきゅっと柑橘を絞って食べるのも乙なものですが、すしに合わせるソースの王道といえば、醤油です。江戸前を掲げる多くのすし店では握ったあとのすしダネの表面にハケでさっと「煮切り」を塗り、そのまま食べるようにすすめます。煮切りとは醤油ベースの調味液で、醤油、酒、みりんを合わせる、あるいは醤油、酒、だしを合わせるなど作り方にはいろいろありますが、いずれの場合もいったん加熱し、酒やみりんのアルコール分を飛ばします。

　富山では、こうした煮切りを塗る江戸前のすし店のほか、豆皿に入れた醤油をつけて食べる食べ方も見られます。富山の醤油は混合醤油といって、アミノ酸などを加える甘いタイプの醤油が一般的に使われています。こうした味のついた醤油は、脂がのったキトキトのすしダネによく合います。

醤油派？

煮切り派？

第 2 部

大地変動の役割

巽　好幸
YOSHIYUKI TATSUMI

第2部
大地変動の役割

1 富山のすしは大地変動の贈り物
地球史45.6億年と富山

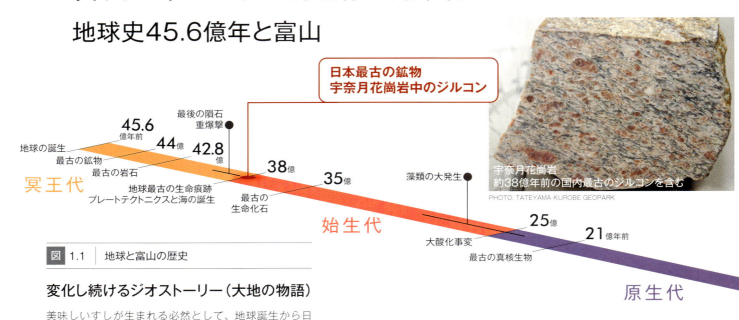

| 図 1.1 | 地球と富山の歴史 |

変化し続けるジオストーリー（大地の物語）

美味しいすしが生まれる必然として、地球誕生から日本列島と日本海の形成まで、富山には大地変動の物語が刻まれている。赤字が富山の大地で起きた事件

CHRONOLOGY: YOSHIYUKI TATSUMI

「風土」が育むすしの味わい

富山のすしが美味しい理由の一つは、地元産の素晴らしい魚介類や米などの食材が手に入ることです。これらの産品は富山特有の「風土」、つまり地形や地質、そして気候などが作り出す自然環境の下で育まれてきました。だからこそ富山のすしは、他では味わうことができないオンリーワンの食べ物なのです。ではなぜ、富山の食材は素晴らしいのでしょうか？ その最大の原因は、「4,000メートルの高低差」にあります（図1.2）。富山の背後には3,000メートル級の立山連峰がそびえ立ち、目の前には1,000メートルの深海を抱く富山湾が広がっています。そしてこの特徴的な風土を作ったのが「大地の変動」です。だから富山のすしの美味しさの秘密を知って、美味しくいただくには、富山の大地の成り立ちを知ることが大切なのです。

| 図 1.2 | 富山のすしを育む特徴的な風土 |

4,000メートルの高低差

富山の地形で特異なのは平野を囲む3,000メートル級の山々と、その前に広がる深海1,000メートルを超える富山湾の存在である

INFOGRAPHIC: YOSHIYUKI TATSUMI, I&O

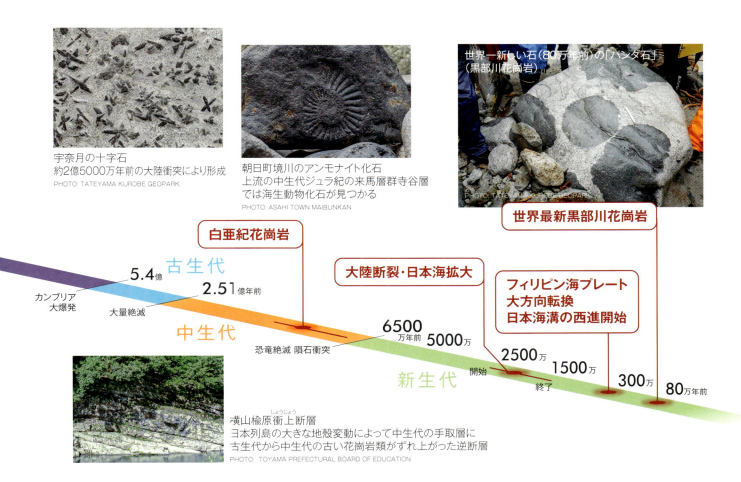

大地の成り立ち

富山の大地の成り立ちについて、みなさんに知っておいていただきたいことがいくつかあります。そのことを、約46億年といわれる地球の歴史と比べながらご紹介することにしましょう。

まず注目したいことは、富山県には日本最古の「大地の営みの痕跡」が残されていることです。それは黒部川流域に分布する宇奈月花崗岩に含まれる「ジルコン」という鉱物に記録されています。この鉱物は大きなものは宝石として人気がありますが、日本最古のジルコンは、0.2ミリほどの大きさしかありません。このジルコンがマグマから冷え固まってできたのが、なんと今から38億年前のことなのです(図1.1)。

私たちが暮らす地球は、今から45億6,000万年前、太陽系内に散らばっていた無数の「微惑星」が衝突合体して誕生しました(図1.1)。この衝突エネルギーのために、誕生当時の地球は非常に高温となって岩石は融けてしまい、灼熱の「マグマの海」に覆われていたのです。

こんな火の玉地球は、その後だんだんと微惑星の衝突が少なくなったために冷えていきました。するとマグマのガスに含まれていた水蒸気が雨となって地表に降り注ぎ、マグマの海は大地へと冷え固まって、水は地表に溜まって「海」が誕生しました。こうして海が誕生すると、その中で生命が発生し、さらにはプレートテクトニクスも動き始めたのです(図1.1)。これが38億年前の地球に起きた大事件です。こんな天変地異が起きていた頃にできたジルコンが富山県で見つかるって、なんだかワクワクしますよね！

富山の大地ではその後も大変動を繰り返してきました。これらの大変動は富山の食材や水にとってとても重要な事件です。これからそれらを紹介することにしましょう。すしの富山の成り立ちを探る時空を超えた旅は、まず2,500万年前にタイムスリップします。

069

第2部
大地変動の役割

富山をつくった大事件（1）　日本列島大移動と日本海誕生

日本列島大移動と日本海誕生

　富山の絶品すしを支える魚介類の多くは、富山湾とその先に広がる日本海の恵みです。つまり、日本海があるからこそ美味しい富山のすしを味わうことができるのです。

　「そんなことは当たり前じゃないか！」と思われるかもしれませんが、富山の大地の成り立ちを考えると、そうとも言えないのです。

　実は今から2,500万年前より古い時代には、日本海はまだ影も形もありませんでした。当時の日本列島は海に囲まれた列島ではなく、アジア大陸の一部だったのです（→p071図1.3左）。

　そして2,500万年前に、それこそ大地を揺るがす大事件が起きました。なんとアジア大陸の大地が突然裂け始めたのです（図1.3中央）。その原因はまだよく分かって

いないのですが、私たちは地下深くまで潜り込んでいた太平洋プレートの一部が、周囲より軽かったために広範囲にわたって上昇したことがきっかけだと考えています。このことについては章の最後にお話しすることにします。

　アジア大陸から分裂した地塊は、その後回転しながら猛烈な勢いで太平洋へと迫り出しました。そのスピードは最盛期には年間20センチほどに達し、約1,500万年前には現在の日本列島の原形がほぼ出来上がったのです（図1.3右）。

　ここで大切なことがあります。アジア大陸が裂けてその一部が日本列島として移動すると、大陸と日本列島の隙間は落ち込んで巨大な窪地ができることになります。この窪地こそが日本海、つまり日本海は大地の裂け目が拡大して誕生した海なのです。

1　富山のすしは大地変動の贈り物

氷見方面から富山湾全景

PHOTO: JINYU AKABANE

2500万年前以前	2500万年前	1500万年前
	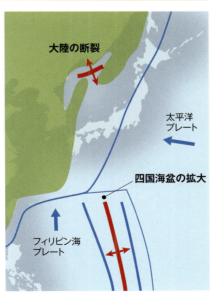	
日本列島はアジア大陸の一部だった	▶アジア大陸の東縁で断裂が始まった	▶大陸から分裂した日本列島が移動した ▶大陸と列島の隙間で日本海が拡大した

図 1.3 ｜ アジア大陸の断裂と日本列島の大移動と日本海の拡大

裂ける、拡がる、海が生まれる

INFOGRAPHIC: YOSHIYUKI TATSUMI, I&O

071

第2部
大地変動の役割

富山をつくった大事件（2） 日本海溝の西進と圧縮される日本列島

奥羽山脈　東北地方の中央部を南北に走る日本最長の脊りょう山脈。長さ約500キロメートル
PHOTO: ADOBE STOCK

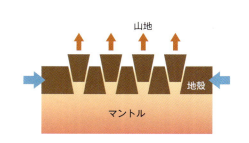

図 1.4 ｜ 東北と北陸地方の山地や隆起

しぼり出される大地

約300万年前からの、日本海溝の西進がもたらす大きな圧縮力によって、東北地方の山地や能登半島が、しぼり出されるように隆起した

INFOGRAPHIC: YOSHIYUKI TATSUMI, I&O

日本海溝の西進と圧縮される日本列島

　富山湾は能登半島に囲まれるような形をしています。言い換えると、能登半島が半島であるからこそ、富山湾は「湾」になっているのです。この能登半島は日本海側では最も大きな半島です。なぜ能登半島は、このように日本海に突き出しているのでしょうか？

　大きな地形の謎を解くためには、もう少し広い範囲の地形を眺めてみる必要があります。

　東北地方を見ると、山地や山脈などの高地が太平洋にある日本海溝とほぼ平行に並んでいます（図1.4）。ところがこれらの地域はおおよそ300万年前には、ほぼ平坦な土地が広がっていたことが分かっています。つまり、東北地方の山々は300万年前以降にどんどんと隆起して高くなったのです。

　この東北地方の山地形成の原因は、日本海溝が西へ移動することで発生する強烈な圧縮力にあると考えられます。圧縮された東北地方の大地が押し縮められた結果、まるで大地がしぼり出されるように盛り上がって山地となりました（図1.4左上）。

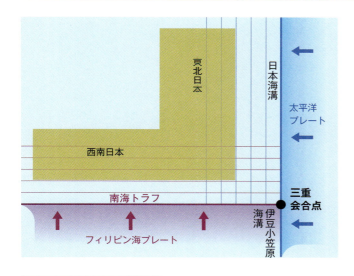
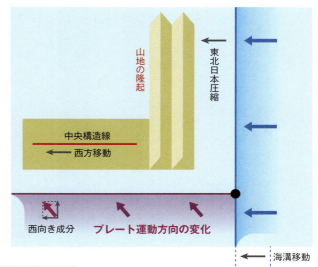

図 1.5 ｜ フィリピン海プレートの大方向転換

プレート、北西へ動く

いまから300万年前、フィリピン海プレートが北西方向へ運動を開始したのにつれて、日本海溝と伊豆小笠原海溝が動き、冀北日本は東西方向に圧縮されるようになった

INFOGRAPHIC: YOSHIYUKI TATSUMI, I&O

　この地盤の圧縮は山地をつくるだけでなく、日本海溝沿いで巨大地震を起こしてきました。2011年に発生した東北地方太平洋沖地震（東日本大震災）も日本海溝の西進に原因があります。

　そして日本海側の地形を見ると、東北地方の山地と同じように、いくつかの隆起帯（高まり）が並んでいることに気が付きます（図1.4）。能登半島が日本海に突き出すのは、日本海溝の移動が引き起こした強烈な地盤圧縮のせいだったのです。

　ではなぜ日本海溝は西へと移動しているのでしょうか？　実はその原因は、西日本に沈み込むフィリピン海プレートの動きにあります（図1.5）。

　日本列島がアジア大陸から現在の位置まで大移動してきた1,500万年前以降、フィリピン海プレートは西日本の下へ北向きに沈み込んでいました（→p068-069図1.1、図1.5）。一方で太平洋プレートは現在と同じように日本海溝とその延長の伊豆・小笠原海溝から西向きに沈み込んでいます。このように二つのプレートが沈み込んでいるために、西南日本と東北日本の接合部にあたる現在の関東地方の地下では、二つのプレートが重なり衝突が起きてしまいました（図1.5の網線部分）。そしてこの衝突を回避するために、比較的小さいフィリピン海プレートが、北向きから北西方向へと運動方向を変えざるを得なかったというわけです。

　こうしてフィリピン海プレートは運動方向を変えましたが、その後も三つの海溝が交わる点（三重会合点）は崩れていません（図1.5）。その原因は、日本海溝と伊豆小笠原海溝が、フィリピン海プレートの跡を追うように西向きに移動しているからです（図1.5）。そしてこの移動によって東日本は押し縮められているのです。

　お分かりいただけましたでしょうか？　図1.4に示したように、能登半島が隆起して日本海へ突き出し、その結果、富山湾が形成されているのは、日本列島の下へ沈み込む二つのプレートの衝突が原因となってフィリピン海プレートが方向転換し、そのために日本海溝が西向きに移動しているからなのです。

第2部 大地変動の役割

富山の特異な地形

富山のオンリーワン地形：4,000メートルの高低差

富山では大地の大変動によって、4,000メートルもの高低差がある特有の地形がつくられています。そしてこのダイナミックな地形こそが美味しい富山のすしを生み出す大きな要因になっているのです。ここでは富山の特異な地形とその成り立ちを眺めてみることにしましょう。

高低差4,000メートルが生み出す巨大な水循環

富山県の絶景として最も有名なものの一つは、富山湾の背後に山々がそびえ立つ景色でしょう。このように日本海沿岸に沿って走る山岳地帯には、冬にシベリアから日本海を超えて吹きつけるモンスーン（季節風）が大量の雪を降らせます。富山では年間200億トンもの水が雪や雨として地表へもたらされているといわれています（図1.6）。

この膨大な量の水の一部（50億トン程度）は地表から蒸発しますが、半分程度の110億トンは、立山連峰や飛騨高地から流れ出す河川によって富山湾へ流れ込みます（図1.6）。

また雨水や雪解け水は地下へ浸み込んで、地下水脈を形成します。「名水の富山」と呼ばれるほど、富山には清涼な湧き水が山麓から平野部に多くみられます。しかしこれらの湧水は巨大な地下水脈の一部でしかありません。ほとんどの地下水は富山湾のおおよそ600メートルより浅い海底に湧き出しているのです。その量は年間40億トンにも達すると考えられています。

富山湾へ注ぐ河川水や地下水は、立山連峰や飛騨高地に広がる豊かな森林を通って流れてくるので、窒素やリン酸、カリウムなどのいわゆる「森の栄養分」をたっぷりと含んでいます。このような水が流れ込む富山湾では、森の栄養分をもとにしてプランクトンが湧き立ち、豊かな海になっていると考えられます。

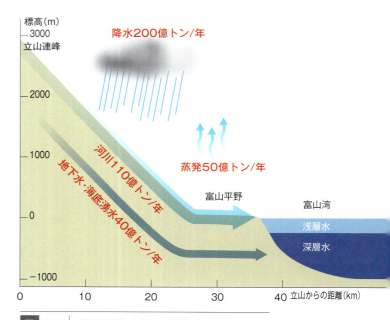

図 1.6　富山平野における巨大な水循環システム

「めぐる水」がつくる豊かな富山湾

扇状地の地下を通った海底湧水は、豊富な栄養分が含まれており、富山湾の豊かな生態系を支えている。年間水量の推定は富山大学の研究に基づく

INFOGRAPHIC: YOSHIYUKI TATSUMI, I&O

日本一の落差350メートルを誇る称名滝（左）と雪解け水の多い春から夏に現れるハンノキ滝（右）も大きな水循環の中にある（立山町）
PHOTO: JINYU AKABANE

活発な硫気孔のある立山の地獄谷。江戸時代天保年間（1836年7月9日）に弥陀ヶ原北東部で水蒸気爆発と思われる噴火活動が記録として残っている

なぜ立山連峰は高くなるのか？

富山を特徴づける「4,000メートルの高低差」のうちの3,000メートルは立山連峰によります。なぜ立山連峰はこれほどまでに高くなったのでしょうか？

実はその原因は「マグマ」にあります。マグマとは地下にある岩石が融けたもので、これが地表へ噴出すると「火山」となり、一方で地下で固まると「深成岩」となります。

立山火山（弥陀ヶ原火山）は日本列島に111ある活火山（約1万年前以降に活動した、あるいは現在活動的な火山）の一つです。

立山連峰を含む北アルプスには活火山、それに第四紀火山（約260万年前以降に活動し、今後も活動する可能性のある火山）が密集し、「乗鞍火山帯」と呼ばれています（図1.7）。乗鞍火山帯は東方地方の日本海側、たとえば岩木山、鳥海山、妙高山などの活火山が並ぶ「鳥海火山帯」とつながっています。そしてこの火山帯の東側には、「富士火山帯」と北方向への延長に「那須火山帯」が並んでいるのです（図1.7）。

ここで、注目していただきたいことがあります。それは乗鞍火山帯の火山が北アルプスを成すように、他の火山も山地をつくっているということです（図1.7）。つまり、日本列島の火山帯は、山地あるいは山脈をつくっているのです。72ページの図1.4を見て下さい。東北～中部地方の山地の中で、奥羽山地は那須火山帯に、出羽山地・越後山脈は鳥海火山帯でもあります。つまり、火山の形成、あるいはマグマの活動と山地の形成には密接な関係がありそうです。

日本列島のように、海溝からプレートが地球内部へ潜り込むような地帯は「沈み込み帯」と呼ばれます（→p076図1.8）。この沈み込むプレートは元々太平洋などの大洋の真ん中にある海底火山山脈で誕生したので、特に表層をなす海洋地殻には多量の水が含まれています。この水は、プレートが地球内部へ潜り込んで圧力や温度が高くなるとしぼり出され、プレートのすぐ上にあるマントルに吸い取られます。形成された含水マントルは、プレートの沈み込みに引きずられて、プレー

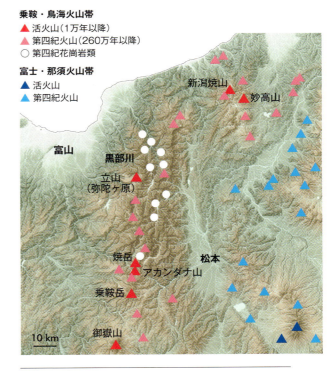

図 1.7 北陸-中部地方の第四紀火山と深成岩の分布

INFOGRAPHIC: YOSHIYUKI TATSUMI, I&O

第2部
大地変動の役割

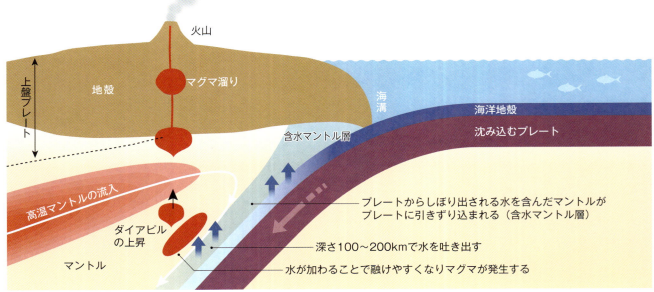

INFOGRAPHIC: YOSHIYUKI TATSUMI, I&O

| 図 | 1.8 | 沈み込み帯に火山ができるメカニズム |

沈むプレートがマグマをつくる

沈み込み帯では沈むプレートが地下に持ち込んだ海水が岩石を融けやすくし、深さ100キロ、150から200キロあたりでマグマをつくる。マグマは上昇して火山となる

北アルプスの鹿島槍ヶ岳。200万年前のマグマ活動とその後の隆起により、非常に若い黒部川花崗岩が露出する
PHOTO: PIXTA

トに沿って水を含む層をつくるのです。しかしこの層に含まれる水も、さらに深くまで持ち込まれるとしぼり出されてしまいます。この反応は2段階、つまり深さ100キロメートルと150〜200キロメートルあたりで起きることが実験などによって分かっています。

ここで吐き出された水には大きな特徴があります。周囲のマントル物質の融点を下げ、融けやすくするのです。こうしてしぼり出された水がマグマをつくり、周囲の固体より軽いマグマは「ダイアピル」と呼ばれる玉コロを作って上昇します。

このダイアピルから分離したマグマは、いったん地殻の中ほどで上昇をストップして「マグマ溜まり」をつくります。マグマ溜まりは徐々に冷えて化学組成を変えてゆき、その過程で地表へ噴出したマグマが火山をつくります（図1.8）。

実は地下には火山より桁違いに多量のマグマが存在しています。火山の下には、大きなマグマ溜まり、あるいはそれが冷え固まった「花崗岩」と呼ばれる巨大岩体が潜んでいます。このように火山帯ではマグマの上昇によって周囲の非火山地域よりは地殻が厚くなっているのです。

そもそもマントルに比べると軽い地殻は、重くてサラサラしたマントルの上に浮いています。このような力関係の中で地殻が厚く成長すると、浮力が大きくなってその部分は浮き上がることになります。さらには、花崗岩体が十分に冷え切っていない場合には、岩体に浮力が働くために、岩体自身も上昇するのです。これらの現象が重なることが、火山帯が周囲より高い山地となっている原因です。

このようにマグマ活動によって隆起が進むと、元々地下数キロの深さにあった花崗岩体が、地表に露出するようになります。乗鞍火山帯には、いくつもの花崗岩体が山頂や尾根付近に露出しています。その一つが、68〜69ページの図1.1にも示した世界で一番新しい黒部川花崗岩なのです。

つまり立山連峰を含む北アルプスは、乗鞍火山帯の活発な活動によって現在もどんどん高くなっているのです。

なぜ富山湾は深いのか？

「4,000メートルの高低差」をつくるもう一つの原因が、水深1,000メートルを超える渓海富山湾の存在です。伊豆半島の両側に発達する駿河湾（水深2,500メートル）、相模湾（同1,500メートル）とともに、富山湾は日本三大深湾と呼ばれることがあります。駿河湾と相模湾は、フィリピン海プレートが地球内部へと沈み込むために窪地が続く「南海トラフ」が入り込んでいる場所です。

ではなぜ富山湾には水深が1,000メートルを超える深海が入り込んでいるのでしょうか？　それは日本海の成り立ちと大いに関係があります。71ページの図1.3に示したように、日本海は日本列島がアジア大陸から分裂移動したことで誕生しました。大陸が分裂して割れてできた巨大な窪地なのです。

ただ窪地といっても一様に低いわけではなく、最も深いところは日本海盆と呼ばれて4,000メートル近くの水深があります。この日本海盆の海底は、太平洋などの大洋の海底と同じ「海洋地殻」でできています。いっぽうで日本海のほぼ中央部には大和堆と呼ばれる浅瀬があり、日本列島の近くにも白山瀬や佐渡海嶺と呼ばれる海底台地や山地があります（図1.9）。これらはすべて大陸の一部が日本海の中に破片として取り残されたものです。そして破片と破片の間は「大陸地殻」が引き伸ばされて、言わば「断裂帯」の跡なのです。

大陸地殻を引き裂いた断裂帯は、富山トラフから富山湾へと入り込んでいることが分かります。日本海が拡大した時に作られた断裂帯が、1,000メートルもの深さの深海富山湾をつくっているのです。

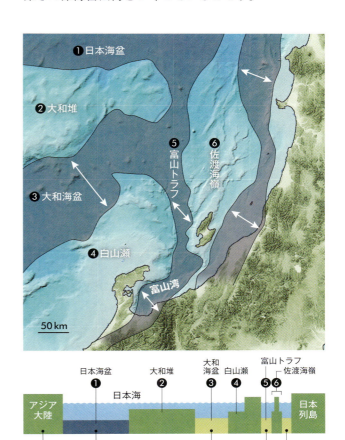

| 図 1.9 | 日本海の断裂帯と海底台地・山地 |

富山湾には引き伸ばされた大陸地殻の断裂帯が1,000メートルもの深海をつくっている

ILLUSTRATION: YOSHIYUKI TATSUMI, I&O

雨晴海岸（高岡市）から日本海を望む　PHOTO: ADOBE STOCK

第2部
大地変動の役割

2 富山のすしダネ、その美味しさの秘密
富山の魚はキトキト

魚のうま味と鮮度

　富山のすしの最大の魅力の一つは、すしに使われる魚などの食材が断然美味しいことです。では魚が美味しいとは一体どういうことなのでしょうか？ そしてなぜ富山の魚は美味しいのでしょうか？ キーワードは、富山の方言で「新鮮」を意味する「キトキト」です。

　同じものを食べても美味しいと感じる人もあれば、そうは思わない人もいます。このように「美味しい」という感覚には個人差があります。でも多くの人が美味しいと認めるものには、理由があるはずです。
　例えば美味しい魚には、味わい（うま味）と歯応え（食感）があります。
　ここで「うま味」という言葉を使いましたが、これは「美味さ」という感覚的な表現とは違って、科学的なものです。人間の舌にあるうま味受容体という器官が、ある特定の成分を感知すると反応するのです。
　うま味成分としては、「グルタミン酸」「イノシン酸」「グアニル酸」などが知られています。これらの成分はそれぞれ、昆布、鰹節、シイタケの味を特徴づけるもので、日本人の科学者たちがこのような日本の伝統的な食材から発見しました。ところがこれらの食材に馴染みがない西洋の科学者にはうま味という概念はなかなか受け入れられませんでした。しかし現在では、「UMAMI」として広く知られるようになり、海外の料理人の間でも評価されています。

　さて、魚の味わいを生み出すうま味成分はイノシン酸です。ただこの成分はもともと魚の体内に多く含まれているのではありません。魚が水の中を泳ぐエネルギー源になっているATPという物質が、魚が死んだ後にだんだんと分解して作られるのです（→p079図2.1）。
　ATPから作られたこのイノシン酸は、やがてHxという物質へと変化していきます。これが「腐敗」、つまり腐るという過程なのです。
　美味しい魚のもう一つの条件は食感、つまり適度な歯応え（コリコリ感）です。そしてこの食感を生み出しているのが「死後硬直」と呼ばれる現象です。魚が死ぬとエネルギー源であるATPを生成することができないので、ATPが必要不可欠な筋肉を作る筋繊維が縮んで硬くなってしまうのです。しかし時間が経つと硬直はだんだんと緩んでいきます。
　ここで重要なことは、コリコリ感とうま味が最大になる時期にズレがあることです（→p079図2.1）。魚が死んでから短い間は死後硬直のためにコリコリ感がありますが、まだうま味成分は増えていません。一方で熟成させることでうま味が出てきた時には、歯応えは少なくなっているのです。もちろん図に示したような時間変化は、魚によって異なります。一般にはアジやイワシなどの小さい魚は変化が早く、ブリやマグロなどの大型魚ではゆっくりと反応が進みます。

定置網から食卓へ

　富山では、多くのすしダネになる魚は富山湾内、港のすぐ沖合に仕掛けられた「定置網」でとられます。ですから捕獲された魚は港まですぐに運ばれ、そして

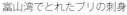
富山湾でとれたブリの刺身

©TOYAMA TOURISM ORGANIZATION

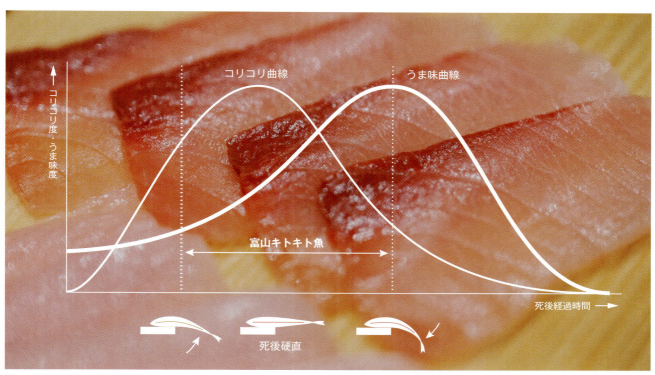

図 2.1 | 魚の状態変化と美味しさ

キトキト・コリコリ・うま味の程度は、それぞれに推移する

富山湾でとれたキトキトの魚は、死後硬直によるコリコリした食感と、イノシン酸によるうま味成分を増していく。ピークには、ずれがあるため、すし職人が塩梅を見極める

スーパーマーケットやお店へと出回ります。だから、富山では「キトキト」の魚を使うことができるのです。

ただキトキトの魚では、うま味成分であるイノシン酸の量はまだそれほど増えていません。そこで富山のすし職人さんは、コリコリした食感も残しながらうま味成分も増えてきたタイミングを見極めて、すしを握ってらっしゃいます。この匠の技こそが、美味しい富山すしを生み出しているのです（図2.1）。

食材の持つ食感とうま味、その両方を味わえることが、江戸前すしにはない、富山のすしの最大の魅力だということができるでしょう。

ここで、キトキトの魚を美味しく保つ富山の術を挙げておきましょう。それは富山湾の冬の名物として全国に名を馳せる「ブリ」の扱い方です。富山湾の定置網に入ったブリは、船に上げるとすぐに氷水に入れられます。これは「沖締め」と言われる方法で、ブリをバタバタと暴れさせることなく瞬殺するのです。魚が暴れながら悶絶死するとうま味成分の元となるATPが少なくなる上に、体温が上がって筋肉の弾力が失われたり白く濁ってしまう「身やけ」が起きるからです。

また富山と言えば、春に幻想的な光を発するホタルイカや、富山湾の宝石とも称されるシロエビが有名です。これらのうま味成分は、魚のようにATPの分解で生成されるイノシン酸ではなく、もともと体内に含まれているアミノ酸などが担います。だから熟成する必要はありません。そればかりか体が小さく腐敗が進みやすい、つまり鮮度が落ちやすい特徴があります。だから、港の目と鼻の先でとる事ができる富山湾産が他と比べて圧倒的に美味しいのです。

同じことは、深海富山湾の恵であるベニズワイガニやバイガイについても言えます。これらは非常に足が早く鮮度が落ちやすいのですが、富山湾では港から近いところに生息域である深海があるために、すぐに持ち帰ることができるのです。

第2部
大地変動の役割

海にやさしい定置網漁法

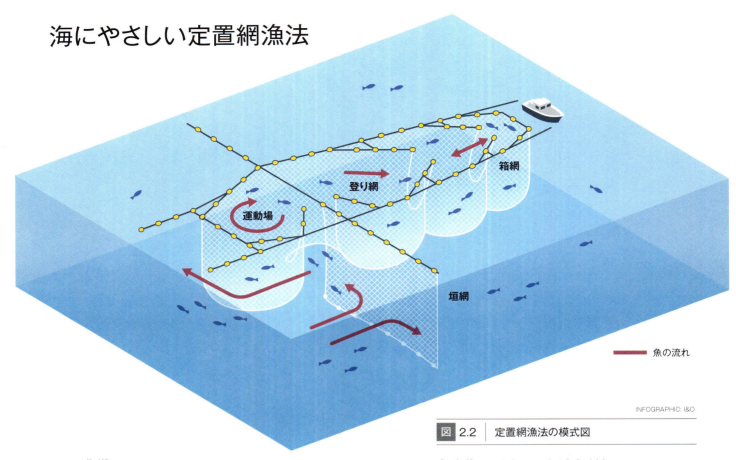

- 垣網：魚道を遮断し、魚を囲い網へ誘い込む
- 囲い網（運動場）：誘導された魚を囲み、行動を制限して箱網へ誘い込む
- 箱網（身網）：入った魚を最終的に取り上げる網
- 登り網：いったん箱網に入った魚が逃げるのを阻止する網

図 2.2 ｜ 定置網漁法の模式図

魚を傷つけない、とりすぎない
海に人に、やさしい定置網

定置網は、海に固定した網の中へ魚が入ってくるのを「待つ漁法」。身網の水深が27メートルより深いものは大型定置網、それより浅いものは小型定置網に分けられる。富山湾では、定置網は漁港から4キロ程度の距離に仕掛けられるため、漁船の燃料使用量も少なくてすむ

富山湾の定置網漁

　日本周辺でおこなわれている網を用いる主な漁法には、図2.2〜3に示す4種類があります。底びき網漁やまき網漁は、海底や海面近くの魚たちをまさに一網打尽にすることができます。いっぽうで、はえ縄漁や定置網漁は魚がかかったり入ったりするのを待つ漁法です。全国に名を馳せるブリの他に、マグロ、スルメイカ、アジ、サバ、イワシなどをとっています。また、ホタルイカをとる専用の定置網もあります。

　待ちの漁法である定置網漁では魚をとり過ぎる心配が少なく持続的に資源を活用できます。また魚は定置網の中に入っていてもほぼ自由に泳ぎ回ることができます。そのため魚はストレスフリーにゆったりと過ごすことができるために、より美味しくなると考えられます。

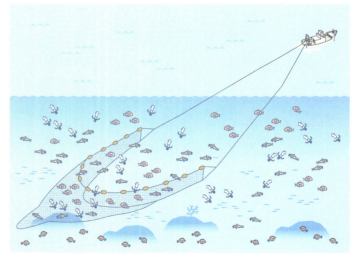

底びき網漁

図 2.3 ｜ 日本周辺で行われている網などを用いる漁法

2 富山のすしダネ、その美味しさの秘密

富山湾で行われている定置網漁の様子

PHOTO:KITANIPPON PRESS

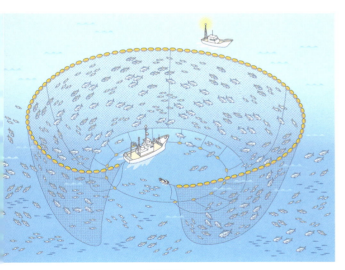

まき網漁

はえ縄漁

081

第2部
大地変動の役割

天然の定置網 富山湾

富山湾・氷見沖に浮かぶ越中式定置網。
沖合に発達した大陸棚や能登半島の存在が好漁場をもたらしている
PHOTO: JINYU AKABANE

富山湾そのものが定置網？

富山湾でとれる魚たちの多くは、ずっとここにいるのではなく、日本海沿岸を回遊しているものが湾内へ入ってくるのです。春から夏にかけて沖合の日本海を流れる対馬海流に乗って北上し、秋から冬にかけては暖かい南へ向かって南下する途中で、富山湾へと入ってきます。

ではなぜ魚たちは富山湾へ入ってくるのでしょうか？　その最大の原因は富山湾周辺の地形にあります。

富山湾の西側と北側には能登半島が日本海へと突き出しています。さらに北東には佐渡島を含む高まりがあります(図2.4)。このような特有の地形のために、北上する魚たちは佐渡島に、南下するものは能登半島に行手を遮られる可能性があります。その結果、富山湾へと入ってくると考えられます。

まさにこの地形は、自然が仕掛けた「定置網」と言うことができるでしょう。

富山湾内に設置される定置網は、魚たちにとって優しい漁法だと言いましたが、天然の定置網にも同じことが言えます。富山湾には立山連峰や飛騨高地の森の栄養分をたっぷりと含んだ水が河川や海底湧水として流れ込んでいるからです。富山湾定置網へ入り込んだ魚たちは、豊かな富山湾に育まれてゆったりと過ごしているに違いありません。

この天然の定置網の魚としてよく知られるのは、なんといってもブリでしょう。春に東シナ海から九州西方沖で生まれたブリの稚魚モジャコは対馬海流にのって北上し、夏にはコズクラ・ツバイソ、秋にはフクラギ（関東圏ではイナダ、関西圏ではハマチに相当）となり、生まれてから約2年でブリに育ちます。いわゆる出世魚です。秋が深まって北海道沖から日本海を南下し始めるブリは、冬の北陸の名物ともいえる雷「ブリ起こし」とともに富山湾へやってくるのです。冬の日本海の荒波の中を泳いできたブリはきっと疲れていることでしょう。そんな時に入り込んだ富山湾は穏やかで餌も豊富なために、ブリにとっては体力を回復してリラックスできるのではないでしょうか。富山湾のブリがとりわけ美味しいのには、こんな理由があるのかもしれません。

ではなぜ能登半島と佐渡島が天然の定置網のような地形をつくっているのでしょうか？　この点については、図1.4(→p072)を用いて説明したように、日本海溝の西進による強烈な圧縮で、能登半島や佐渡島が隆起しているからです。

| 図 2.4 | 天然の定置網、天然の生簀、富山湾 |

誘う、囲い込む

富山湾は能登半島や佐渡島の高まりがあるため、回遊魚が湾内に入り込む、言わば「天然の定置網」である。また表層から深海まで、魚たちの格好のすみかで、「天然の生簀」と呼ばれている

INFOGRAPHIC: YOSHIYUKI TATSUMI, I&O

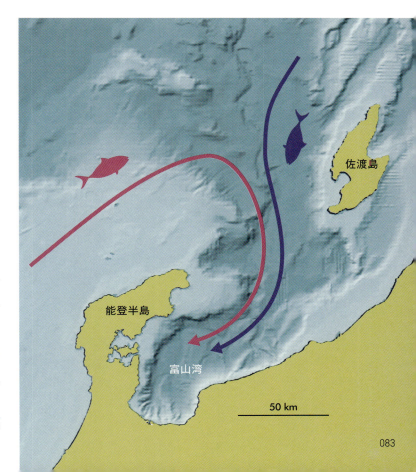

第2部
大地変動の役割

ブリはいつから日本海へやってきた ― 対馬海流の成立

| 図 | 2.5 | 最終氷期極大期の日本海 |

狭い開口部と海の淡水化

最終氷期当時は現在の陸域（点線）を越えて緑色の領域まで陸化していた。海峡の開口部は狭く、日本海の表層水は河川水の影響で塩分濃度が低かった

対馬海流の魚たち

　日本海が豊かな海である理由の一つが、対馬海峡から北上する対馬海流に乗って、いろんな種類の魚たちが日本海へ入ってくることにあります。その代表格が、先ほどお話ししたブリです。

　では、ブリはいつから富山湾へとやってきているのでしょうか？　そして、日本海はいつからこのような豊穣の海となったのでしょうか？

　日本海の海底に堆積している地層を調べた結果によると、日本海が誕生した1,500万年前から約200万年前までは、西日本はアジア大陸と地続きでした。もともと大陸が分裂して、時計回りに回転した西日本ですから、その回転の中心付近、つまり西日本と韓半島の辺りは分裂や拡大をしたわけではないのです（→p071図1.3）。いっぽうで東日本の大地の大部分は水没していて、特に約450万年前以降は太平洋の海流が流れ込むようになっていました。

　ところが200万年前になると西日本とアジア大陸の間に割れ目ができ始めました。この原因はよく分かってはいませんが、一つの可能性としては、九州から沖縄の西側の海域で「沖縄トラフ」（→p085図2.6）の拡大が始まり、その延長の割れ目だと考えられます。

　このような窪地ができると、氷期には極域に厚い氷床ができ、海水量が減って海水面が低下し、西日本は大陸と繋がるのですが、間氷期には海水面が上昇して、

2 富山のすしダネ、その美味しさの秘密

富山湾の王者ブリ。対馬海流に乗って日本海を北上し、北の海で栄養を蓄える。11月〜3月にかけて南下し、富山湾の定置網で漁獲される

©TOYAMA TOURISM ORGANIZATION

図 2.6 | 現在の日本海近海の海流と海峡

日本海は四つの浅い海峡で外海と連絡している。閉鎖性が強いため生物の分布に影響が見られる

SOURCE: JAPAN-SEAOLOGY PROMOTION ORGANIZATION　INFOGRAPHIC: I&O

対馬海峡が開通するようになります。対馬海流は、この割れ目に沿って、東シナ海から現在の対馬海峡から日本海へと入ったのです。

　今から約12万年前の氷期には、対馬海峡は完全に陸化していたのですが、2万6,000年前の「最終氷期」には、幅20〜30キロメートルの対馬海峡が開いていたことがわかっています（→p084図2.5）。図に示すようにこの時期には津軽海峡も開いていたので、暖流は対馬海峡から日本海へ流れ込み、津軽海峡から太平洋へ流れ出していたのです。

ブリはいつからやってきた

　では、この時期にはブリは対馬海流とともに東シナ海から日本海へと入ってきていたのでしょうか？

　答えはおそらく「No」です。当時の日本海、特にその表層部分の塩分濃度は現在の80％程度しかなく、ブリにとっては住みにくい環境だったに違いありません。当時の日本海は太平洋や東シナ海などと幅の狭い海峡を通してしか繋がっていなかったために、流れ込む河川の影響で「淡水化」が進んでいたのです。

　ですから、ブリたち対馬海流の魚は2万6,000年以降の「間氷期」となって海面が上昇して、対馬海峡、津軽海峡、それに宗谷海峡や間宮海峡が開通して外洋の海水が流れ込むようになってから（図2.6）、日本海へと入ってきたと考えられます。

085

第2部 大地変動の役割

天然の生簀(いけす) 富山湾

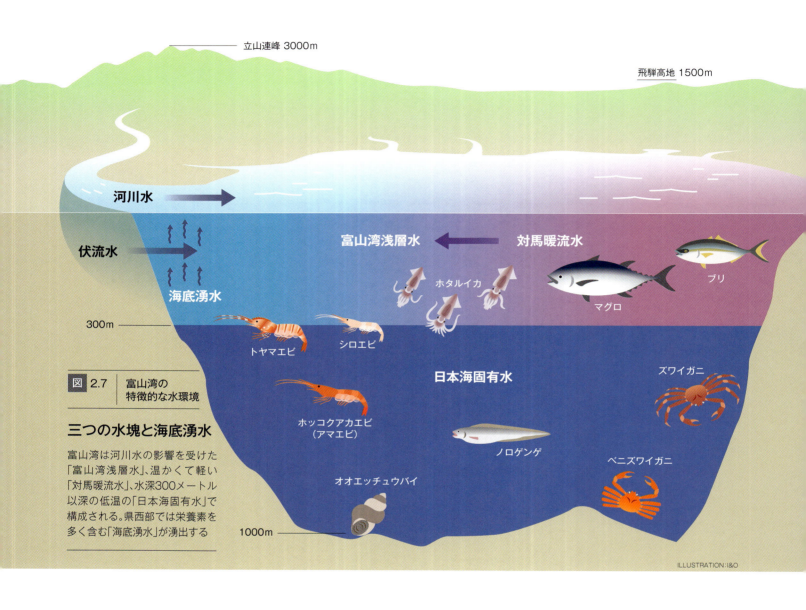

図 2.7 富山湾の特徴的な水環境

三つの水塊と海底湧水

富山湾は河川水の影響を受けた「富山湾浅層水」、温かくて軽い「対馬暖流水」、水深300メートル以深の低温の「日本海固有水」で構成される。県西部では栄養素を多く含む「海底湧水」が湧出する

豊かな水塊と多種多様な魚たち

能登半島と佐渡島が仕掛ける天然の定置網の奥には富山湾があります。日本は近海に約3,400種の魚がいる「魚大国」で、日本海には約800種が見られます。そして富山湾は500種にも及ぶ魚がいる豊かな海で、「天然の生簀」と呼ばれることもあります。

これほど多くの種類の魚介類が富山湾にいる理由は、湾内に流れ込む対馬暖流水の他に、地表水（河川水や伏流水）と対馬暖流水が混合した富山湾浅層水、それに日本海固有水という性質の異なる水塊が存在していることにあります(図2.7)。

富山湾浅層水

暖流で水温が高く軽い対馬海流は、富山湾のおおよそ300メートルより浅い表層部へ流れ込んできます。この流れに乗って、ブリやマグロ、カジキ（サス）、シイラなどの大型魚、アジやイワシ、それにホタルイカなどが富山湾へ入ってくるのです。

一方でこの富山湾へは、背後にそびえる3,000メートルクラスの立山連峰や、南の県境に位置する飛騨高地から雨水や雪解水が河川として流れ込んでいます。またこれらの「地表水」は河川だけではなく伏流水（地下水）としても平野を流れ下っ

て、沿岸付近の海底に湧水として湧き出します(→p074図1.6、→p084図2.5、→p085図2.6)。河川水や伏流水は塩分を含まない淡水ですから海水より軽く、富山湾の表層部に分布して、流れ込んでくる対馬暖流水と混ざって「富山湾浅層水」を形成するのです(→p086図2.7)。

立山連峰や飛騨高地には深い森があるため、これらの山々から富山湾へ流れ込む浅層水には、窒素やリン酸、カリウム、ケイ素など「森の栄養分」が豊富に含まれています。富山大学の調査によれば、窒素については河川水の1.4倍、リンについても河川水とほぼ同量が、湧水によって富山湾へ供給されているそうです。

これらの栄養分のために富山湾浅層水では、珪藻やその他の植物プランクトンが湧き立ちます。そして植物プランクトンを餌とする動物プランクトンが育ち、魚たちが暮らすのに最適の環境をつくり出します。この肥沃な水塊が対馬暖流系の魚たちを美味しく育てるとともに、ホタルイカやシロエビ、トヤマエビなど、富山湾特有の生き物を育んでいると考えられます。

日本海固有水

富山湾の300メートルより深い部分、富山湾の海水全体の約60パーセントを占めているのが「日本海固有水」と呼ばれる低温の(すなわち重い)海水です(図2.7)。この固有水は水温が年間を通じて0〜1℃とほぼ一定で、さらには表層へ流れ込む対馬海流よりも栄養塩が多く含まれていること(富栄養)、有機物、細菌類が非常に少ないこと(清浄性)などの特徴があります。

なぜこのような特徴的な海水が日本海の深海に溜まっているのでしょうか? その原因は日本海特有の地形にあります(図2.8)。

冬になると、北極の近くのシベリアの広大な大地は非常に冷たくなります。その結果「シベリア寒気団」と呼ばれる空気の塊が形成され、この冷気団が南へと流れ出してきます。この風が日本海の水分をたっぷり含んで日本列島へ吹きつけ、富山県をはじめとする日本海側の地域は、世界でもまれに見る豪雪地帯となっ

| 図 2.8 | 日本海固有水の形成 |

冷やされて深海に沈む

日本海の大部分は日本海固有水と呼ばれる、シベリア寒気団によって強烈に冷やされた、水温0〜1℃、塩分34.1psu*程度の水塊で占められている

ILLUSTRATION: YOSHIYUKI TATSUMI, I&O　　　*1psu=0.1%

ているのです。

同時にこの寒気団は日本海、特に大陸周辺の表層海水を強烈に冷却します。このことで低温に、かつ重くなった海水が日本海の深い所へと沈んでいくのです。

もし日本列島がなければ、この冷たい海水は太平洋へと流れ出してしまうはずです。しかし先に述べたように、2,500万年前に大陸から分裂して1,500万年前に現在の位置まで移動してきた日本列島が、流れ出そうとする冷海水を、ダムのように堰き止めてしまうのです。こうして、大陸の栄養分をたくさん含んだ、冷たい海水が日本海の深海に溜められて、日本海固有水となっているのです。

この日本海固有水に生息するのが、富山名産のオオエッチュウバイ、ズワイガニ、ベニズワイガニ、ホッコクアカエビ、ノロゲンゲなど深海系の魚介類です。これらの食材は、日本列島の分裂と日本海の拡大という大地の変動が富山にもたらした恵みなのです。

第2部
大地変動の役割

春の夜の浜辺に身投げする
ホタルイカ

産卵期のメスが富山湾の波打ち際に大量に打ち上がるホタルイカの身投げ
PHOTO:PIXTA

定置網の刺激で青く光るホタルイカ
©TOYAMA TOURISM ORGANIZATION

幻想的な蒼い光

ここで、富山湾浅層水と富山湾特有の地形が生み出す富山湾の神秘について触れておくことにしましょう。ホタルイカの「身投げ」です。毎年3月から5月に富山市から滑川市の海岸に産卵に来たホタルイカが蒼い光を放ちながら打ち上げられる幻想的な光景です。

富山湾ではホタルイカを定置網で捕獲しているため底びき網を用いる兵庫県には漁獲量では及びませんが、国内トップブランドとして知られています。富山産ホタルイカの特徴を他県産の物と比較すると、富山のホタルイカの素晴らしさがよく分かります(図2.9)。

まずはその大きさです。ホタルイカはメスの方が大きく、富山湾で捕獲されるのはほとんどが産卵のため沿岸に集まるメスなのですが、他県ではオスも相当量混じっているために平均としては小さくなります。さらに図に示したメスの胴長や重さを比較しても、富山県産は大きい傾向にあります。

次は味です。イカやタコの仲間のうま味成分は、AMPという物質です。富山県のホタルイカは圧倒的にうま味成分が多いことが分かります(図2.9右)。

そしてもう一つ重要な要素は鮮度です。魚のように熟成することでうま味成分が増えていくわけではないので、できるだけ鮮度の高い状態でボイルすることが、ホタルイカの美味しさを引き出す秘訣です。図に示したK値は鮮度が落ちるとともに高くなる指標で、富山県産のホタルイカは極めてK値(図2.9, →p057)が低い、すなわち新鮮であることが分かります。これは、他県では沖合底びき網で捕獲したのち漁港へ運ぶのに対して、富山湾では目の前の海に仕掛けた定置網で水揚げしていることによります。

では、なぜ富山湾のホタルイカは立派で旨いのでしょう？ その原因はまだ解明されてはいないのですが、富山湾ではホタルイカの餌であるプランクトンなどが豊富であることなど、その海環境が影響している可能性は高いと思われます。

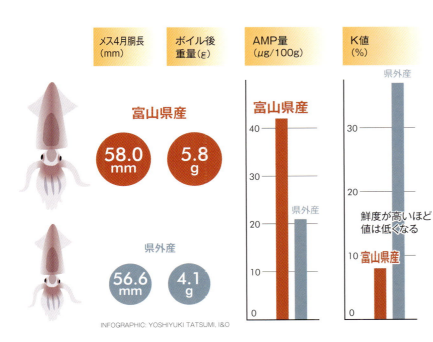

図 2.9 富山県産ホタルイカの優位性

出典：竹内弘幸・中川義久・寺島晃也・水腰咲恵(2019)富山湾産ホタルイカの食品学的研究、富山短期大学紀要第55巻
林清志(1993)富山湾産ホタルイカの資源生物学的研究、東京海洋大学

皮膚や腕の発光器を光らせるホタルイカ
©TOYAMA TOURISM ORGANIZATION

第2部 大地変動の役割

水揚げ直後の淡いピンクの体色のシロエビ　©TOYAMA TOURISM ORGANIZATION

透明にかがやく海底谷のシロエビ

シロエビ漁が成り立つのは富山だけ

　富山のオンリーワン食材の代表格の一つはシロエビでしょう。このエビは分類学上の和名はシラエビ。駿河湾や相模湾などにも生息することは知られていますが、漁として成り立つほどの水揚げがあるのは全国で富山湾だけです。昔から富山ではこのエビのことを「シロエビ」と呼んできたので、この俗称の方がよく知られています。

　シロエビは「富山湾の宝石」と呼ばれるように、水揚げ直後は透明感のある淡いピンク色をしています。グリシン、アラニン、プロリンなどの成分がねっとりとした甘みを、そしてイノシン酸がうま味を生み出すので、富山のすしダネとしては欠かすことができません。

　シロエビは水揚げ後すぐに透明感は失われ、さらに時間が経つと黒ずんでしまうので、以前はなかなか白いシロエビをいただくことができませんでした。しかし水揚げ後新鮮なうちにいったん急速冷凍する技術が確立され、そのほうが殻がむきやすいこともあって、シロエビは一躍富山ブランドとしてその地位を確立するようになりました。

　シロエビの産卵数は約300粒と、他のエビ（トヤマエビ、8,000〜20,000；ホッコクアカエビ、1,300〜5,800）と比べて少ないことが知られています。それにもかかわらず、富山湾で毎年500トン近い漁獲量があるのはなぜでしょうか？

海底谷で育つシロエビ

　それは、「藍瓶（あいがめ）」と呼ばれる、富山湾オンリーワンの海底谷の存在にあります。富山湾の海底地形を見ると、神通川河口より西側では急激に深くなる海底斜面に、幾つもの「海底谷」が刻まれていることが分かります（→p091図2.10）。このような谷の部分は周囲に比べると水深が深く、そのために海の色が濃い藍色を示すと

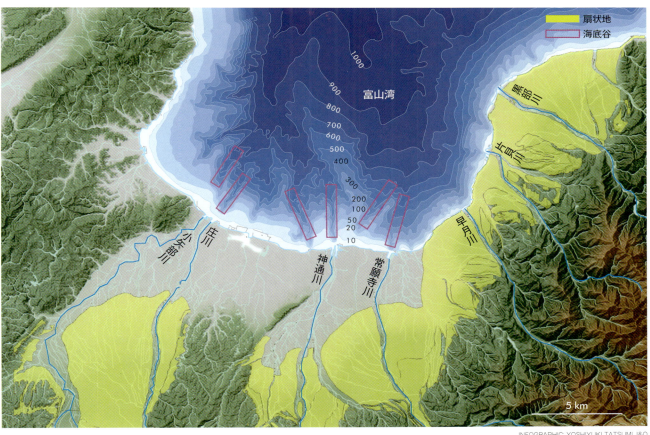

| 図 2.10 | 富山湾中西部沿岸に発達する海底谷藍瓶と扇状地の分布 |

急流がつくるオンリーワンの地形

4月から11月にかけて水揚げされるシロエビは海底谷藍瓶の100〜300メートルで漁獲される

言われています。これが藍瓶と呼ばれる理由です。

シロエビはこの海底谷の中で生まれ育ちます。生まれたばかりの赤ちゃん（幼生）シロエビはまだ活発に泳げないので餌を取ることはできません。でも体に残った卵黄から栄養分を取ることができるそうです。

シロエビの幼生は、海底谷藍瓶の谷頭、つまり谷の最上流部の水深100〜150メートルあたりに多く集まっています。海底谷の中で発生する渦などの水流の影響を受けていると考えられています。まさにシロエビは藍瓶という地形を最大限に利用して暮らしているのです。

ではシロエビを育む藍瓶はどのようにしてできたのでしょうか？

急流河川がつくる海底谷と扇状地

富山湾の南側にあたる富山平野には、立山連峰や飛騨高地から流れ下る河川が平野部に出る場所に、広大な扇状地が形成されています（図2.10）。急流の河川が運んでくる石や土砂が堆積したものです。ただ大雨が降った時には河川の水量が増えて、川の流れは土石流となって扇状地を超えて富山湾へと流れ出します。多量の石や土砂を含んだ強い流れが、河口付近から富山湾の深部へ続く斜面を削ってしまうのです。こうして海底谷藍瓶がつくられます。

ここで一つ不思議なことがあります。図2.10に示すように、シロエビを育む藍瓶は、常願寺川より西側にしか発達していないのです。富山湾東部へ流れ込む早月川、片貝川、そして黒部川の河口付近には海底谷は形成されていません。なぜでしょうか？

それはこの地域では山地が海岸近くまで迫っているために、扇状地が湾の中まで広がっているからです。そのために大雨の際に発生する土石流で削られてできた海底谷が、その後の通常期の扇状地をつくる堆積作用によって埋め立てられてしまっていると考えられます。

富山特有の地形の発達が、オンリーワン食材であるシロエビを育んでいることがよく分かります。

第 2 部
大地変動の役割

富山湾の秋の味覚ベニズワイガニの昼ぜり（新湊漁港）
©TOYAMA TOURISM ORGANIZATION

深海富山湾のベニズワイガニ

©TOYAMA TOURISM ORGANIZATION

低温の固有水が漁港近くまで分布

日本人は世界で最もカニ好きだと言われますが、そのカニの一大生息域が日本海です。富山湾ではベニズワイガニとズワイガニがとれます。これらのカニは同じ仲間で、低温を好みます。そのため、日本列島によって堰き止められて深海に低温の固有水が溜まる日本海が主要な生息域となっているのです。

日本海沿いの山陰から北陸にかけては多くのブランドガニ産地が点で並んでいます(図2.11)。しかしその多くはズワイガニの産地で、ブランドガニである「高志の紅ガニ」などの、富山のベニズワイガニは珍しい存在です。

この原因は2種類のカニの生息域の違いにあります。ズワイガニは200〜500メートル、ベニズワイガニはそれ以上の深海に暮らしています。富山湾には深さ1,000メートルにも及ぶ深海が入り込み、低温の日本海固有水が広く分布しているために、港からすぐ近くでベニズワイガニを捕獲できます。だからこそ富山では、鮮度が落ちやすいベニズワイガニを新鮮なうちにゆがくことができる、つまり美味しいベニズワイガニをいただくことができるのです。

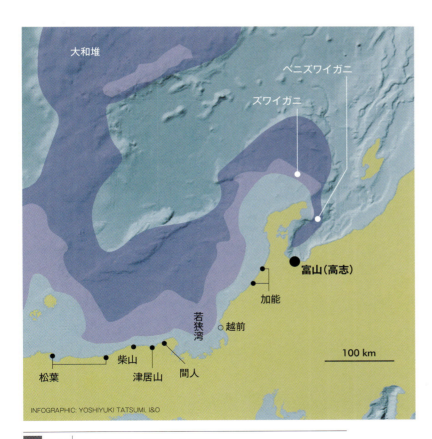

図 2.11 ｜ 日本海のカニ漁場と主要産地

射水市の新湊漁港で水揚げされ、目印の赤タグをつけたベニズワイガニ

深い海に育つ

ベニズワイガニの生息域である深海は、富山湾内に入り込んでいる。富山の漁場は港にも近く、鮮度の高いベニズワイガニが市場に並ぶ

第2部
大地変動の役割

富山とオホーツク海を回遊 サクラマス

天然サクラマスの成魚(写真中央)と射水市で人工ふ化させた仔魚(写真下)

急流が産卵に適しているサクラマス

　立山連峰がマグマの活動と強烈な圧縮によって3,000メートルクラスにまで高くなったために、富山に4,000メートルの高低差ができています。ここで、立山連峰から流れ出る河川に注目して、富山の代表的な食材であるサクラマスついて考えてみることにしましょう。

　日本列島の河川はヨーロッパ大陸などと比べると急流です。中でもすぐ背後に立山連峰がそびえる富山の河川は急流ぞろいです(→p095図2.12)。急流では細かい砂や泥の粒子は水に流されてしまうために、川底には荒い砂や石しか溜まりません。そのために富山県の平野部を流れる河川、例えば神通川はサクラマスの産卵に適しているのです。また水がきれいなので仔魚の餌となるカゲロウの幼虫などの水生昆虫がたくさん住んでいます。

サクラマスの一生

　ではここで、サクラマスの一生を眺めてみることにしましょう(→p095図2.13)。秋から冬にかけてふ化、つまり卵からかえった仔魚は、水生昆虫や周囲の森林から落ちてきた落下昆虫などを餌として、1年以上川で過ごします。やがて一年越しの春になると、海水でも暮らせる能力を身につけたサクラマスの稚魚は「銀毛(スモルト)」となり、川を下って富山湾からオホーツク海へ回遊してゆきます。海の方が小魚などの餌が豊富で成長しやすいからです。

　ただ銀毛に変身することが出来ずに、川に残るものもいます。その多くはオスだと言われ、こうした河川残留型のサクラマスは「ヤマメ」と呼ばれています。

　オホーツク海で1年間たっぷりと餌を食べて大きくなった成魚は、産卵のために生まれ育った富山へ戻り、川を上って行きます。これを遡上と呼びます。サクラ

マスにはこのように母川回帰の習性があり、その川特有の匂いを嗅ぎ分ける能力があるといわれています。遡上する時期がちょうど桜の花が咲く頃であることから、サクラマスの名がついたという説もあります。

生まれた川へ戻ったサクラマスは、十分に成熟するまで川の底にじっと身を潜めていますが、やがて秋になるとオス（ヤマメ）と交尾して、川底の砂や石を掘って産卵して、その一生を終えるのです。

明治時代には年間160トンもの漁獲量があった神通川のサクラマスですが、現在では1トンにも満たないほどしかありません。暴れ川と呼ばれて多くの水害を起こしてきた神通川でのダム建設などの河川改修により、上流にある産卵場へのサクラマスの遡上が阻害されたためだと考えられます。

富山県の取り組み

なんとか富山のサクラマスを守ろうと、人工ふ化させた稚魚の放流が行われています。またサクラマスは水温が高くなると生きていくことができないので海水

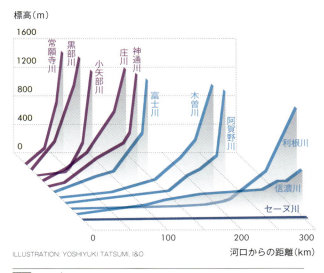

図 2.12 主要河川の河床勾配

急流ぞろいの富山の河川
清流となる富山の急流河川はサクラマスの生育に適している

を用いた親魚の養成は難しいのですが、富山県水産研究所では富山湾の深いところから低温の日本海固有水を汲み上げて利用することで親魚を養成し、卵から稚魚を育成して様々な放流試験などの調査研究を進めています。また射水市では国内で初めてサクラマスの完全養殖に成功し「いみずサクラマス」として知られるようになってきています。

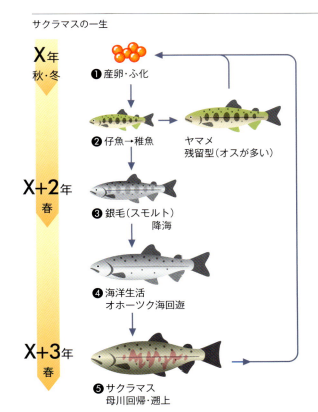

図 2.13 サクラマスの一生

海へ降りるもの、陸に残るもの

オホーツク海を回遊した成魚は再び生まれた川へ戻り、産卵まで成熟を待つ。陸に残った個体はヤマメとなりそのまま産卵に参加する。複雑な生活史である

第2部
大地変動の役割

3 富山の米 ― 自然との闘いが育んだ穀倉地帯
富山の魚と米の名コンビ

PHOTO:MASAHIRO KYOGAKU

シャリはすし屋の命

　すしには美味しいタネが欠かせません。でも単にお魚をいただきたのであれば、国内トップクラスの富山湾魚介のお刺身を食べればいいのです。つまり、すしが美味しいのは、タネをシャリ（すし飯）といただくことで、タネの美味さが引き立ち、さらに舌の上でぱらっと解けたシャリとタネが新たな美味さを生み出すからだと思います。このような美味さの協奏と創造は、「マリアージュ」と呼ばれます。このフランス語は一般的には結婚を意味しますが、例えばチーズとワインを合わせた（ペアリングした）時に生み出される調和感を表すときにもよく使われます。

　そんなわけで、富山のすしの魅力を探るためには、すし飯の材料となる米について触れないわけにはいきません。「シャリはすし屋の命」と言われるように、それぞれのすし屋さんで強いこだわりがあります。つまり、使う米の銘柄や産地、さらには栽培方法まで吟味して選ばれていることが多いのです。ですから富山のすしのシャリを担う米について一般的に述べることは困難至極です。

　私たちがお話を伺った富山のすし屋さんで、地元産

富山湾と水田（入善町）
PHOTO: KITANIPPON PRESS

の米を使われる店が多かったことは事実です。この一つの要因は、近頃すっかり定着してきた「地産地消」の考え方ですが、地元産＝優れている、というわけでもないので、やはり富山の米はレベルが高いはずです。

百万石の米どころ

　富山県はよく「米どころ」と言われます。確かに2022年の米の生産量を見ると、富山県は全国で12位です。ただ富山県はそれほど面積は大きいわけでなく（33位）、おまけに、そのうち耕作が困難な山地や丘陵が半分以上を占めています。生産量を耕作適地の面積で割った「生産率」を見ると、富山県は秋田県や新潟県に次ぐ3位グループの一員です。

　江戸時代に加賀、能登、越中を治めていた加賀藩は「加賀百万石」と呼ばれて石高の多い藩として知られていましたが、実はその半分以上を越中（現在の富山県）が担っていました。

　また良い米を育てるには良い種（種もみ）が必要ですが、富山県はこの種もみの生産量及び県外出荷量が全国トップクラスで、「種もみ王国」とも呼ばれています。

　このように富山の米が優れている理由としてよく挙げられるのが、豊かで清らかな水、肥沃な土壌、それに米づくりに適した気候です。でもこのような要素は、他の米の産地についても必ず言われているもので、あまり富山の特徴を的確に表しているとは思えません。もう少しきちんと、米どころ富山成立の背景を探ってみましょう。

第2部
大地変動の役割

不毛と水害の大地「扇状地」

鉢伏山から見た砺波平野の散居村。
家の周りに「カイニョ」と呼ぶ屋敷林が見える

PHOTO: KITANIPPON PRESS

平野が少ない富山県

実は富山県は、元来米づくりに適した場所ではありませんでした。その最大の理由は、立山連峰を始めとして山地や丘陵が多く平野が少ないことにあります。このような地形は、立山連峰がマグマ活動によって隆起していくこと、それに地盤に働く強烈な圧縮力によって活断層が発達し、地殻変動によって石動宝達山地や呉羽丘陵などが隆起していることに原因があります（図3.1）。

さらに悪いことに、富山では米作に適した平野の大部分が「扇状地」から成っています。扇状地は立山連峰や飛騨高地などの山地から平野部へ流れ出した河川が、運んできた土砂や石を堆積することでできる傾斜地です。したがってこの荒い砂や石からなる扇状地は、森の栄養分を含んだ泥が少なく水はけが良すぎるために、作物を始めとして植物が育ちにくい荒地となるのです。

常願寺川扇状地と鳶山崩れ

このように平野が少ない上に扇状地が広がる場所に暮らしてきた人々は、なんとかこの不毛の大地を米づくりができる場所に変えようと、石や岩石を取り除き用水路をつくりました。しかし、営々とつくり上げた耕作地を、一度大雨が降ると、河川が暴れ川と化して飲み込んでしまうのです。こうした試練の中で最も激烈であったのが、1858年（安政5年）に起きた安政の大洪水です。水害のきっかけとなったのは、4月9日に起きた飛越地震でした。この跡津川断層沿いの大地震によって、立山カルデラの外輪山が「鳶山崩れ」と呼ばれる大崩壊を起こして、常願寺川水系の湯川と真川を堰き止めました（→p099図3.2(a)）。そしてその後の地震と増水によってついに堰止湖が2度にわたって決壊し、膨大な量の土砂や岩石が土石流となって麓の扇状地を襲ったのです（図3.2(b)）。

このように、立山連峰の急激な隆起と激しい火山活動がつくる急峻な地形の立山カルデラ周辺では、大雨や地震によって大規模な土石流が頻発してきました。その度に麓の常願寺川扇状地では大きな被害を受けてきたのです。雄々しくそびえ立ち美しい景色と豊かな水をもたらす立山連峰は、人々にとって感謝と共に畏敬の対象でもあったはずです。立山信仰の成立背景には、この地に暮らしてきた先人たちの闘いの歴史があるのではないでしょうか。

これまで幾度となく氾濫を繰り返して大きな被害を与えてきた常願寺川ですが、砂防や河川改修などの治水工事や用水路の設置により、現在では一面に水田が広がる米どころとなっています。

図 3.1　富山の地形と扇状地、活断層の分布

ILLUSTRATION: YOSHIYUKI TATSUMI, I&O

図 3.3 　砺波平野を覆う庄川扇状地、庄川の流路と砺波用水群

ILLUSTRATION: YOSHIYUKI TATSUMI, I&O

庄川扇状地の河川改修、用水路、そして散居村

　富山の米どころとして知られる砺波平野ですが、この平野の大部分も飛騨高地から流れ出す庄川の扇状地から成っています（→p098図3.1）。

　現在の庄川は砺波平野の東縁部を流れていますが、この流路に固定されたのはたかだか300年ほど前なのです。例えば奈良時代の歌人大伴家持が国守として越中国に赴任した頃には、雄神川と呼ばれていた庄川主流は、平野の西部を流れていました。その後大洪水のたびに流路を変えた庄川の主流は東へと移動して行ったのです（図3.3）。

　このような流路移動の間には加賀藩を始めとして多くの治水工事が行われ、同時に開墾も行われてきたのです。こうした闘いの跡とも言えるのが、砺波平野に網の目のように張りめぐらされた用水路です（図3.3）。このような用水路が整備されたおかげで、扇状地特有のかつて「ざる田」と呼ばれるほど水はけが良すぎる欠点が解消されたのです。

　不毛の地であった砺波平野を、日本でも有数の穀倉地帯へと変貌させた取り組みとしては、「散居村」も忘れてはいけません。砺波平野では、およそ220平方キロメートルの広さに屋敷林に囲まれた約7,000戸を超える農家が点在してます。このような集落の形態は散居村（散村）と呼ばれています。

　このような独特の集落は、庄川の治水工事と用水建設の歴史の中で、開墾を少しでも効率的に行うことを目的として、計画的に成立してきたものです。扇状地の中でもやや高く、水害被害の可能性が少しでも小さい地に居を構え、その周囲の荒地の開墾と米栽培を進めたのです。

　散居村の大きな特徴の一つは、家の周りに「カイニョ」と呼ばれる屋敷林をめぐらせてきたことです。カイニョは冬の強く冷たい季節風や吹雪や、富山特有の夏の強い日差しや熱風などを防ぐためのものです。さらに、カイニョの落ち葉や枝木などは日々の生活の燃料として利用されたのです。散居村は、この地に暮らしてきた人々の、自然との強かな闘いの姿勢を見ることができる、富山ならではの光景です。

(a) 鳶山崩れの堰止湖の位置

(b) 2度の土石流の被害地域

鳶崩れ跡

PHOTO: I&O

図 3.2 　安政の立山鳶山崩れと大水害

ILLUSTRATION: YOSHIYUKI TATSUMI, I&O

第2部 大地変動の役割

フェーン現象と富山の米

富山の水田と「雨のフェーン現象」 PHOTO:PIXTA

美味しい米と登熟温度

　美味しい米をつくるには様々な要因がありますが、その一つに「登熟温度」があります。登熟とは、米などの穀類が開花後に成熟していくことを指します。イネの場合は、開花から約40〜50日間（おおよそ8月から9月初旬）が登熟期で、この間に光合成によってデンプンをつくって胚乳に溜めていくのです。そしてこの登熟過程に最適の温度（平均気温）が、現在主流の品種コシヒカリでは25℃になります。富山の夏は暑いと言われますが、実は、これまではこの暑い夏が登熟条件にピッタリ合ってきたために、富山の米は美味しいのです。

　さて富山に夏季高温を引き起こす原因の一つが「フェーン」と呼ばれる季節風です。フェーンはドイツ語で、ドイツを含む中部ヨーロッパに、春から夏にかけて、地中海からアルプス山脈を越えて吹き下ろす高温の風を指します。

富山でフェーン現象が起きるわけ

　日本の夏には、太平洋側から吹き付ける高温の南風が山岳地帯を超えることで、北陸地方でフェーン現象による高温の風が吹き下ろします。中でも富山県はフェーン多発地帯として世界的にも知られており、年間10回以上のフェーン現象が観測されています。太平洋高気圧が発達するフィリピン海から日本海へと南風が吹く際に、中部地方の濃尾平野の北側に飛騨高地が東西方向の山地を形成しているからです。

　さて富山の夏に高温をもたらすフェーン現象はなぜ起きるのでしょうか？　中学校の教科書や気象庁の説明は、次ページ図3.5(a)に示したものです。例えば温度が25℃の湿潤な（水蒸気を多く含む）南風が山地にぶつかって1,000メートルくらいまで上昇すると、気圧が下がるために温度は100メートルあたり1.0℃下がり、15℃となります。すると水蒸気の濃度が限界に達して水滴となり（凝結）、雲ができて雨が降り出すのです。水滴ができる時には熱が出るので、雲をつくりながら上昇すると温度低下の割合は雲のない時の半分、100メートルあたり0.5℃となります。その結果2,000メートルまで上昇した気流は10℃まで冷えることになります。

　山を越えると気流は山腹に沿って下降してゆきます。このときには上昇気流とは逆に気圧が上がるために、温度は上昇します。すでに雨を降らせて気流は乾燥しているので温度上昇の割合は100メートルあたり1℃となり、富山平野に吹き降ろす風は、30℃の熱風となるのです（図3.5(a)）。

　このメカニズムでは、気流が飛騨高地を越えるときに雨を降らせて水分を吐き出すことがフェーン現象を起こす根本的な原因だと考えます。いわば、「雨のフェーン」です。しかし、最近の研究結果によると、

富山でフェーン現象が起きた時、飛騨高地で実際に雨が降っていたのは20%以下だったのです。つまり、これまで習ってきたメカニズムでは、富山のフェーン現象は説明できないのです。

そこで重要だとされるようになったのが、「晴れのフェーン」です。この考えでは、飛騨高地にぶつかった風は山を越えないとします(図3.5(b))。雨が降っていないからです。飛騨高地より高い2,000メートルほどの所を流れてきた風だけが山を越えることができるのです。この気流の温度は、濃尾平野が25℃だとすると、13℃程度です。この気流が下降する際には雲は発生しませんから、100メートルあたり1℃の割合で温度が上昇し、富山には33℃を超えるフェーンが吹き付けるのです。

富山の夏が暑い原因について理解いただけましたでしょうか？ これが富山が国内有数の米どころとなった一つの理由です。

高温に強い新品種「富富富」

しかしこのフェーンは困ったことも起こします。特に最近は地球温暖化の影響もあって、年によってはフェーン現象が強すぎて、イネに高温障害が起き、良い米が取れなくなってしまうのです。

富山の水田へ引かれる水は、立山連峰や飛騨高地から流れ出した「冷たい水」です。しかし、この冷水の力を持ってしても高温障害を防ぐことがだんだんと困難になってきたのです。だからと言って、地球温暖化を逆に戻すようなことやフェーンの発生回数をコントロールすることはできません。ですから、富山で美味しい米をつくり続けるためには、高温に強い品種を生み出す必要があるのです。

富山県では2003年から地球温暖化対策として「高温でも高品質の米」を開発するプロジェクトを始めました。異なる種類の種子から高温に耐える遺伝子を持つイネを探し出し、コシヒカリと交配させた3,000種の中から、高温でも高品質の米を探し出すという気の遠くなるような作業でした。しかしこの地道な研究の結果、ついに夢の新品種「富富富（ふふふ）」が完成し、2018年から流通が始まりました。

富山生まれの富富富が、これから富山のすしの美味さを支えていくことが期待されています。

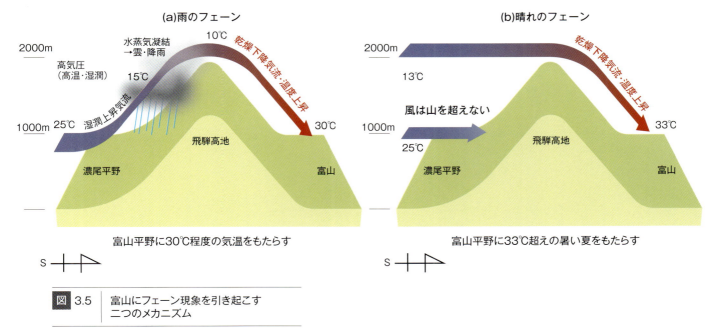

図 3.5　富山にフェーン現象を引き起こす二つのメカニズム

ILLUSTRATION: YOSHIYUKI TATSUMI, I&O

COLUMN 富山県の米づくり

富山県の米づくり

文/経沢信弘
料理人・郷土料理研究家

砺波平野の散居村

全国一の種もみ県

　富山県は種もみの出荷量全国一を誇る。旧庄川町の五ヶ地区や周辺の村々は、大河・庄川の扇状地にあって、かつて庄川が運んだ上質の砂土壌と、谷口から吹き込む「庄川嵐」（土地の人に「つゆ切風」と呼ばれ、穂が成熟する時期の夜霧を川嵐が吹き飛ばす）に恵まれ、優秀な種もみの有数の産地として知られている。種もみは全国で広く採用されており、コシヒカリ、あきたこまち、ひとめぼれをはじめ、約50品種が富山から全国に出荷されている。

　この地は、昭和29（1954）年、土壌改良と灌漑水の苦労を重ね、反当り16俵（約1,000平方メートルあたり60kg×16＝960kg）を収穫し、米づくり日本一になった。また南砺市出身の農学者・稲塚権次郎は熱心に小麦や水稲を品種改良し、やがてアジア、アフリカの食料危機などを救った。終戦後農林大臣の松村謙三は農地改革を先導した。このように多くの優秀な人材を輩出した下地は雪国砺波の米づくりにある。

　種をまき、苗を育て、汗水たらして収穫までこぎつける。この過程を砺波人は子供のころから刷り込まれる。この土壌は米も作るし人も作っていく。真宗王国ならではの特徴なのだ。

東大寺で読まれる先人の名

　また砺波平野は加賀百万石を支えた裕福な土地である。庄川などの大河川が見事な扇状地を形成している。暴れ川でかつては氾濫に苦しんだが、その治水の努力が水田造成に繋がってゆく。それ以前はどうだったのだろうか？

　『続日本紀』天平19年9月乙亥条には、当時無冠であった越中国人・利波臣志留志が米三千石を、東大寺・毘盧遮那仏への「知識（仏に深く帰依し私財を寄進すること）」として奉献し、外従五位下を授けられて

いる。一方の『東大寺要録』には「五千石」と記載されている。この年は、大伴家持が越中守として赴任した翌年にあたる。

　毎年、東大寺・二月堂のお水取り（修二会）では3月の5日と12日に「過去帳」が読み上げられ、東大寺の建立や復興に尽くした人々、あるいは縁の深かった人々の菩提を弔う。そして、聖武天皇、光明皇后とともに、「米五千石奉加せる利波志留の志」の名前が読み上げられる。当時、越中国は東大寺の経済的基盤を支える地域として強く認識されていたことがわかるのである。

　のちに志留志は従五位上のまま伊賀守に任命された。地方豪族としては異例の出世でなかろうか。それほど砺波平野は古代から稲作に適した土地だったのだ。いわゆる「土徳」（歴史、文化、風土が受け継がれている）の土地なのだ。

報恩講料理

奈良・東大寺の二月堂

砺波地域に見られる「あずまだち」と呼ばれる伝統家屋

（撮影・著者）

第2部
大地変動の役割

4 富山の水、富山の酒
富山の水

鼓ヶ滝（小矢部市矢波川／小矢部川支流）

呉羽山が文化の分水嶺？

富山県の地域性はしばしは、ほぼ中央部に位置する呉羽山（呉羽丘陵）を境にして、呉東と呉西に分けて語られます。この傾向には司馬遼太郎も注目し、代表作の一つである『街道をゆく』の中で、「人文的な分水嶺を県内にもつというのは、他の府県にはない」と明言しています。この地域性に、1883年（明治16年）に現在の富山県が誕生するまでの複雑な経緯や産業構造の違いなどによって生まれたといわれています。さすがに現在ではこの地域特性は相当薄まっているとはいうものの、富山県民の中でも９割近いの人が、呉東と呉西には違いがあると考えているという調査もあります。

富山大学の高山龍太郎氏の調査によれば、呉東と呉西では以下のような違いが指摘されています：

- 食事：うどんのつゆに顕著な差が見られ、呉東（富山市）では関東風と関西風がほぼ同じ割合であるのに対して、呉西（高岡市）では約8割が関西風の出汁を用いる。
- 言葉：塩辛さの表現において顕著な差があり、呉東では「しょっぱい」、呉西では「くどい」を用いることが多い。
- 人柄：両地域で共通の認識として、呉東より呉西の

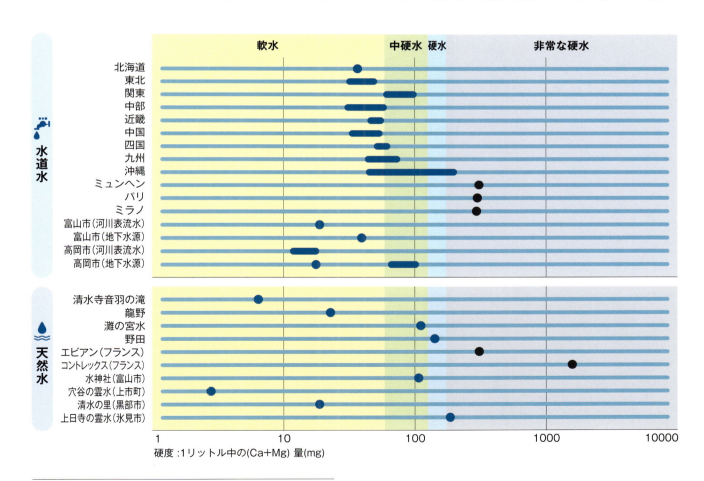

図 4.1 ｜ 国内外の水道水・天然水の硬度

ヨーロッパには、カルシウムとマグネシウムを多く含む硬水が多く、日本は関東や沖縄以外では軟水が多い

INFOGRAPHIC: YOSHIYUKI TATSUMI, I&O

人の方を「商売上手」と評している。
・進学・就職したい地域：呉東では東日本が6割を占めるのに対して、呉西では逆に西日本が6割を占める。

　この本で注目しているのは富山のすしです。すしを含む食文化の観点から呉東と呉西の違いを見たときに興味深いのは、うどんのつゆの違いです。というのも、関東風の醤油の利いた色の濃い出汁と、関西風の昆布ベースの色の薄い出汁、これらは水の違いによって育まれたからです。つまり、富山でも呉東と呉西で水の性質が違う可能性があるのです。

　この富山の水の性質を調べる前に、水の性質と食文化の関係についてまとめておくことにしましょう。

水と食文化

　ここでは水の性質として硬度、すなわち水に含まれるCa（カルシウム）とMg（マグネシウム）の量に注目します（→p105図4.1）。図には日本とヨーロッパの水道水および天然水（ミネラルウォーター、湧水、地下水など）の硬度を比較しています。この図を見て気づくことは、日本は軟水が多いのに対して、ヨーロッパでは主に硬水であるということです。この水の硬度の違いが、それぞれの食文化に大きな影響を与えています。

　軟水は昆布のうま味成分であるグルタミン酸を溶かし出します。いっぽう硬水は、けもの臭さの原因となる動物性タンパク質を「アク」として取り除くことができます。この水の性質が、和食の昆布出汁とフレンチの獣肉スープという決定的な差を生み出しました。

　さらに関東と関西のうどん出汁が異なる理由も水の違いにあります。関東の水は関西に比べて硬度が高いために、昆布出汁をとることが難しいのです。

　もう一つ、関西と関東で異なる食文化があります。関西では淡口醤油を多用しますが、関東ではもっぱら濃口醤油です。そして関西淡口醤油と関東濃口醤油の一大産地が兵庫県龍野と千葉県野田であり、前者の水は軟水、後者の水は硬水です。この水の違いが発酵の進み具合の違いを生み出し、淡口・濃口醤油が誕生したのです。

　さてこのように食文化にも大きな影響を与える水の硬度は、何が原因で変化するのでしょうか？　最も大きな要因が、川や伏流水（地下水）が流れる地域の地質の違いです。ヨーロッパには太古の地中海に堆積した白色の石灰岩や石灰質の地層が広く分布しています。関東地方でも、代表的な水系である利根川や荒川の上流には、南太平洋のサンゴ礁起源の石灰岩の岩体が露出しています。またもう一つの国内硬水域である沖縄は、大部分の地盤がサンゴ礁石灰岩でできています。石灰岩の主成分はCaとMgでしかも水に溶けやすいために、石灰岩地帯を流れる水は硬度が高くなるのです。いっぽうで関西地方を始め日本列島の大部分では石灰岩はまれにしか分布しないので、軟水となります。

常願寺川上流の石灰岩礫
PHOTO: TOYAMA SCENCE MUSIUM

富山平野の常願寺川流域の湧水は硬度が高い。写真はいたち川沿い石倉町の湧水
PHOTO: I&O

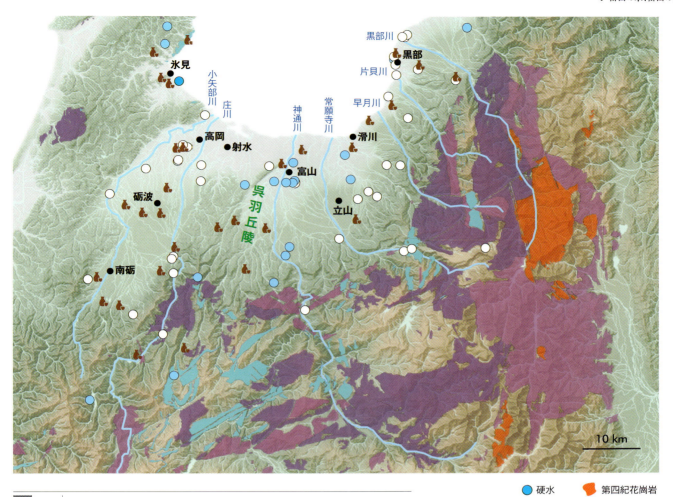

図 4.2　富山県の主な湧水の硬度と酒造所、花崗岩・石灰岩の分布

河川の上流域に石灰質岩が分布する富山平野は、カルシウムとマグネシウムが溶け出して、中硬水が湧出する。氷見を含む能登半島の地層にも石灰質岩が分布する

INFOGRAPHIC: YOSHIYUKI TATSUMI, I&O

凡例：硬水／中硬水／軟水／酒造所（休止中も含む）／第四紀花崗岩／白亜紀花崗岩／飛騨帯花崗岩／石灰質岩

さてこれで予習は終わることにして、いよいよ富山の水に焦点を当てることにしましょう。

富山の水の多様性と石灰岩

富山県には立山連峰や飛騨高地から流れ出した水が、あちこちで湧水として湧き出しています。この清らかで豊かな水の保全に取り組んでおられる「富山県の名水を守る会」の調査結果によると、富山には軟水から硬水まで多様な水が湧き出しています。そしてその水の硬度には明らかに地域差が認められます（図4.2）。

呉羽丘陵を境にして庄川・小矢部川流域の呉西は軟水、神通川・常願寺川が流れる呉東（富山平野）は中硬水なのです。呉東と呉西でうどんの出汁が関東風と関西風に分かれる傾向は、水の違いでも裏付けられたことになります。そしてもう少し広域を眺めると、黒部川などが流れる県東部の新川地区では軟水が、そして西北部の氷見周辺では硬水が卓越しています。

先に述べたように、河川水や湧水の硬度に決定的な影響を与えるのが石灰岩です。富山県における石灰岩の分布を見ると、常願寺川と神通川の上流には石灰岩が広く分布していることがわかります。これらの石灰岩は、今から約3億3,000万年前、古生代と呼ばれる時代に当時のアジア大陸の縁の浅海で堆積しました（→p068図1.1）。いっぽうで呉西を流れる庄川の流域には石灰岩はほとんど見かけません。また能登半島には、日本海が誕生した時期の暖かい海に暮らしていた、石灰質の殻を持つ微生物の死骸が堆積した、石灰質の地層が広く分布しており、その一部が氷見の周辺にも露出しています。これが氷見の硬水を生み出していると考えられます。

富山の水は豊かで清浄であるだけでなく、その性質も多様であることはお分かりいただけましたでしょうか？　今後これらの水の特性を意識して、富山で新しい食文化が発展することが期待されます。

富山の酒

花崗岩が育む富山の仕込み水

　富山の水の多様性が明らかになったところで、すしとのマリアージュによって至福のひとときを演出する日本酒についてお話しすることにしましょう。というのも同じ醸造酒のグループに属するワインと違って、日本酒を醸すには水が不可欠だからです。日本酒を製造するには、製造量の約50倍の水が必要だと言われています。

　「仕込み水」と呼ばれる酒造りに使う水はもちろん「きれいな水」でなければいけません。濁りがあったり有害成分を含むことは許されないのですが、きれいな水の条件の中で重要なものは、鉄とマンガンをできる限り含まないことです。これらが含まれると、酒の色や味など、品質が極端に低下するためです。

　鉄とマンガンの基準値は水道水がそれぞれ0.3ppm以下と0.05ppm以下であるのに対して、酒造用水ではいずれも0.02ppm以下でなければなりません。

　富山県ではこのような厳しい基準に合う水を豊富に得ることができるために、全国でも名だたる酒どころとなっているのです。富山の水がこのように仕込み水として適している最大の理由は、その地質にあります。図4.2（→p107）を見ると、富山の水の源となる飛騨高地と立山連峰には、花崗岩と呼ばれる岩石が広く分布しています。これらの多くは、今から約2億年前にアジア大陸の東縁部に貫入した、飛騨花崗岩と呼ばれているものです。また、すでに述べたように、世界で一番若い黒部川花崗岩も立山連峰に露出しています。この辺りの年代が地球史、あるいは日本列島の歴史の中でどの辺に当たるかは、68ページ図1.1でもご確認ください。

　これらの花崗岩の特徴は、鉄やマンガンをほとんど含んでいないことです。ですから、花崗岩の山から流れ出す山の水にもこれらの元素はほとんど含まれず、仕込み水として適した水となるのです。

仕込み水の硬度が、富山の地酒に多様な味わいをつくりだす

水の硬度と日本酒の関係

　それでは次に、富山の水の性質、特に硬度の多様性と酒の味わいとの関係を調べることにしたいと思いますが、そのためには、日本酒の造り方を眺めていただく必要があります（→p110図4.3）。

　まず押さえておきたいことは、アルコールを含む酒を造るには、ブドウ糖（グルコース）をアルコール発酵させる必要があることです。この発酵を担うのが「酵母菌」と呼ばれる微生物です。さらに米を原料とする日本酒では、米に含まれるデンプンをブドウ糖に変える「糖化」という過程が必須です。この糖化を担うの

世界で一番新しい花崗岩、第四紀黒部川花崗岩は、立山連峰の隆起をうながし、黒部川沿いの高温泉の熱源にもなっている。
写真は祖母谷温泉と黒部川花崗岩。

PHOTO: KITANIPPON PRESS（上）
TATEYAMA CALDERA AND SABO MUSEUM（左）

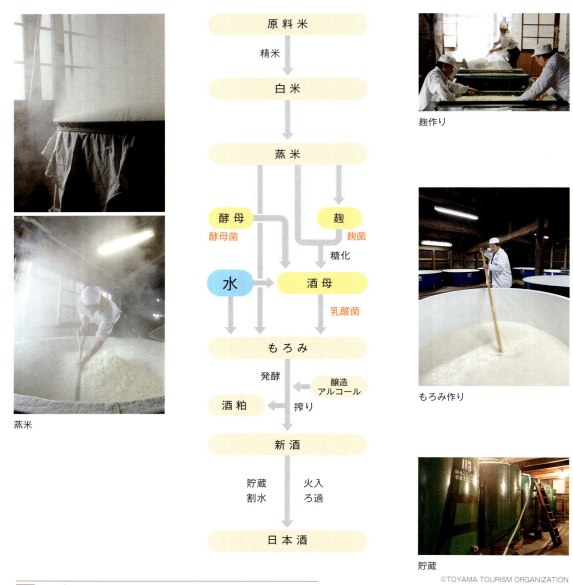

図 4.3 日本酒の製造工程

米から造る日本酒は、麹が米を糖化し酵母が糖を発酵させる

PROCESS CHART: YOSHIYUKI TATSUMI, I&O

が、「麹菌」という微生物です。ワインの原料となるブドウにはすでにブドウ糖が含まれているために、この過程は必要ありません。

実は仕込み水の硬度は、このような日本酒の製造に欠かせいない微生物の働きに大きな影響を与えるのです。硬度の高い水を使うと、Caが麹菌の働きを促して糖化を進めることになります。またMgは酵母菌の働きを活性化させます。したがって、硬度の高い水を使うと発酵が進みやすくなります。

日本の水の多くは軟水であるために、日本酒の製造工程において発酵が進みにくいことから、腐敗しないように低温でじっくりと発酵させることが必要になります。それに対して、江戸時代以来日本の酒造りの中心地である、兵庫県の灘五郷と呼ばれる地帯では、「宮水」と呼ばれる日本列島では例外的に硬度の高い水が湧いています(→p105図4.1)。そのために発酵が進んでアルコール濃度が高く腐敗しにくい酒を造ることができたのです。

さてこのように硬度の高い仕込み水には発酵を進めるという大きな特徴があるのですが、その結果として酒の味わいは濃醇で辛口になる傾向が認められます。

現在では醸造技術が発展して、軟水を用いても多様な味わいの酒を造ることも可能となっていますが、それでもなお、仕込み水の硬度は酒の味わいに大きな影響を与えることは確かです。

富山の酒の多様な味わい

それでは、富山の多様な硬度を持つ仕込み水と、醸造される酒の味わいとの関係を見てみることにしましょう。

ここで比較する酒は本醸造酒と呼ばれるもので、いろんな種類の日本酒の中でも、定番酒として最も伝統的な醸造法が用いられているものです。富山の本醸造酒の中で味わいの定量的な評価に用いられる「甘辛度」と「濃淡度」を求めるのに必要のデータが公表されているものについて、その味わいの特徴を示したものが図4.4です。

この図を見ると、富山の日本酒には地域性があることが分かります。つまり、氷見や呉東の日本酒は呉西や黒部のものに比べて、より濃醇で辛口の傾向が認められます。

そしてこの地域性は、先に述べた水の硬度の地域性とピッタリ合致します。つまり、富山の日本酒の味わいの多様性は、富山の水の多様性によって生み出されている可能性が高いのです。

このようにさまざまな味わいの富山の日本酒は、富山のすしを始めとする多様な料理とのマリアージュが楽しめると思います。ぜひ水や日本酒の多様性を生み出す地質学的な背景も含めて、楽しんでいただけたらと思います。

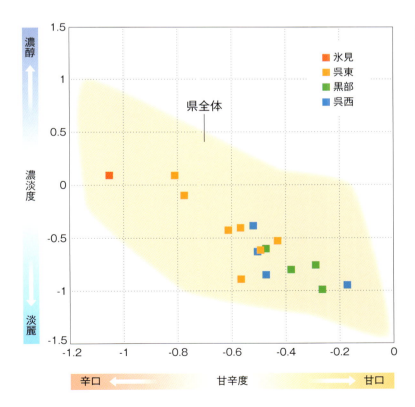

図 4.4 | 富山県産日本酒の味わいの地域性

富山県産の本醸造酒は地域によって、濃醇で辛口なものや淡麗で甘口なものなど傾向が分かれる

各酒造所の公開データ（2022年）に基づき著者作成
SCATTERGRAM: YOSHIYUKI TATSUMI, I&O

おちょこ一杯の日本酒をつくるのに約50倍量の水が使われている

©TOYAMA TOURISM ORGANIZATION

第2部
大地変動の役割

5 大地変動の恩恵と試練 日本海東縁変動帯
「反転断層」と地殻変動：美食材と地震

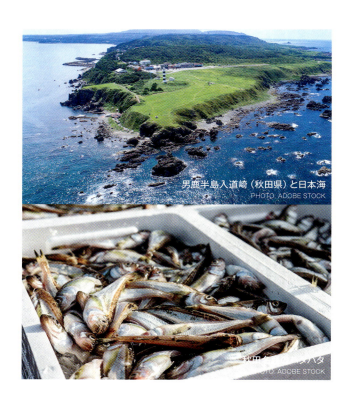
男鹿半島入道崎（秋田県）と日本海
秋田 ハタハタ

酒田沖（山形県）飛島名産のマダラ
日本海越しの鳥海山（山形県）

大地変動が育んだ美食材

　富山のすしの美味しさを支える魚介や米。これらは大地変動がつくり上げた唯一無二の地形や風土が育んでいることをお話ししてきました。主な点をまとめると以下のようになります：

・富山湾には、日本海拡大時の断裂帯が入り込んで水深1,000メートルの深海が存在していること。
・富山湾には、能登半島と佐渡島（佐渡海嶺）によって自然の定置網が仕掛けられていること。
・立山連峰と飛騨高地から森の栄養分をたっぷりと含んだ水が富山湾に流れ込むこと。
・米どころ富山を支える平野が、山地や丘陵にはさまれるように発達していること。

　このような大地の変動を理解して、その恵みに感謝をもっていただく富山のすしは、確かに天下一品であると思います。しかしいっぽうで富山の大地は、時には無慈悲なほどの試練を人々に与えてきました。今は一面の水田が広がる砺波平野や富山平野の扇状地ですが、これまで幾度となく土石流災害や水害に見舞われてきたのです。最近では、2024年1月1日に能登半島地震が発生し、大きな被害に見舞われました。

　このように富山に恩恵と試練を与えてきたのが大地の変動です。ここでは、大地の変動を引き起こしている「日本海東縁変動帯」についてお話ししたいと思います。

日本海東縁の隆起帯と豊かな漁場

　富山湾を囲むように位置する能登半島と佐渡島は、東北地方の陸域や日本海沿岸を縦走する地形的な高まり（隆起帯）の一部であることは、第2部1章でお話ししました（→p072図1.4）。そしてこのような大地形は、300万年前にフィリピン海プレートが大方向転換を起こした結果、日本海溝が西向きに移動して、強烈に圧縮したことで形成されたものです。この日本海沿岸の隆起帯を含む地形の成り立ちを、もう少し踏み込んで考えてみることにしましょう。

　北陸から東北地方の日本海沿岸、つまり日本海の東

縁には数多くの活断層の存在が知られています(図5.1)。これらの断層のほぼ全ては逆断層と呼ばれるもので、断層の伸びに直行する向き、すなわち東西方向に働く圧縮力によって形成されたものです。この圧縮力を生み出しているのが、日本海溝の西進です(図5.1、p115図5.2)。

圧縮がもたらす逆断層運動によって、日本海東縁には、半島や島々、それに海底丘陵などの隆起帯が形成されています。これらの場所は隆起のために岩礁が発達し、また日本海固有水が湧昇流となって栄養分を運ぶため、漁場としても重要です。たとえば、冬の日本海の代表的な食材である男鹿半島のハタハタ、酒田沖飛島礁のタラは、岩礁地帯での産卵のために集まるのです。もちろん、佐渡島の貝類や能登半島のイワガキなども隆起帯の恵みです。

活発な地震活動

このような断層活動や地殻変動は、当然のことながら地震を伴います。実際この地帯ではこれまでに多くの直下型地震が発生し、大きな被害をおよぼしてきました(図5.1)。例えば新潟地震（1964年）、日本海中部地震（1983年）、北海道南西沖地震（1993年）、新潟県中越地震（2004年）、新潟県中越沖地震（2007年）、能登半島地震（2007年）、山形沖地震（2019年）、それに2024年能登半島地震です。これらの地域は活断層が密集し、地殻変動が激しく、地震活動も活発であるため、「日本海東縁変動帯」と呼ばれています。

ではなぜ、この領域にこれほど活断層が密集しているのでしょうか？　もちろん断層運動の原動力は日本海溝の西進にあります。しかしこの圧縮力に加えて、この地帯に存在する「古傷」が、断層密集の大きな原因になっています。この古傷とは、2,500万年前から1,500万年の間に日本海が拡大して誕生した際にできたものです。

日本列島がアジア大陸から分裂して太平洋へ向かって移動すると、大陸と列島の間には地盤を引き裂くような引張力が働き、多くの正断層が形成されて陥没が生じたのです(→p115図5.2)。

このすさまじい地殻変動は1,500万年前に終わり、この地域には比較的静穏な時が流れました。しかし300万年前から始まった日本海溝の西進によって強烈な圧縮力が働くようになりました。この圧縮力のせいで、日本海拡大時に形成された正断層群が逆断層に「反転」してしまったのです。これが試練と恩恵の場である日本海東縁変動帯形成のストーリーです。

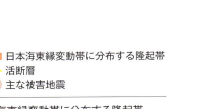

🟧	日本海東縁変動帯に分布する隆起帯
—	活断層
⦿	主な被害地震

図 5.1　日本海東縁変動帯に分布する隆起帯、活断層と主な被害地震

INFOGRAPHIC: YOSHIYUKI TATSUM, I&O

第2部 大地変動の役割

2024年能登半島地震

能登半島の見附島から富山湾越しに立山連峰を望む＝2022年。
24年の地震の影響で現在の見附島は一部が崩落している

PHOTO: ADOBE STOCK

富山湾沿岸地域の地震活動

　日本海東縁変動帯の成立についてご理解いただいたところで、もう少しズームインして、2024年1月1日に大地震が起きた能登半島と、富山県について眺めてみることにしましょう。

　次ページ上の図5.3には、この地域の活断層と比較的最近に起きた地震被害を示してあります。この辺りには日本海溝西進によって矢印の向きに圧縮力が働いています。この力によって逆断層や横ずれ断層、およびそれらの活動に伴う地震が発生してきました。能登半島から砺波平野、富山平野、そして立山連峰にかけては逆断層運動が、そして飛騨高地では横ずれ運動が卓越しています。1858年（安政5年）に立山の鳶山崩れ、そして安政の大水害のきっかけとなった飛越地震（図5.3の左の●）は横ずれ型大地震の一つです。

能登半島周辺の断層と2024年の能登半島地震

　次に、この地域の断層運動と地形の関係について見てみましょう。地形、特に山地や丘陵と平野の分布に注目して北西から南東方向に見ると、能登山地、石動宝達山地、呉羽丘陵、そして立山連峰が並び、それらの間に、邑知潟低地、砺波平野、富山平野が分布しています。つまり、北東―南西方向に伸びた山地（隆起域）と平野（沈降域）が繰り返すように配列しているのです。そしてこれらの境界には逆断層が走っています。この様子を模式的に示したのが、図5.3の右上に示したような断面図となります。この地域では、日本海東縁変動帯で見られる逆断層による隆起帯の形成が典型的に認められます。

　特に能登半島は、日本海溝の西進によって発生する圧縮力によって、逆断層にそって隆起したことで、日本海に突き出した半島となっています。言い換えると、半島北側の活断層にそって多発してきた地震活動によって、能登半島が形づくられたのです。能登半島や富山湾の素晴らしい景観や豊かな食材という大地からの恩恵と、半島形成を引き起こした地震活動という試練とは、表裏一体の関係にあるのです。

　2024年の能登半島地震、あるいはその前から継続していた群発地震の観測によって、これらの地震活動には「水」が関与していることがほぼ確実になってきました。地下に電気の伝わりやすい領域があり、その一帯で地震が発生しています。水には岩石を破壊しやすくする働きがあることは、よく知られています。また水は、岩石に比べると電気を通しやすい性質があります。このようなことから、地下に存在していた水が、何らかの原因で移動したことで、もともと強力な圧縮力により、ひずみが蓄積されていた岩盤が、一気に破

5 大地変動の恩恵と試練　日本海東縁変動帯

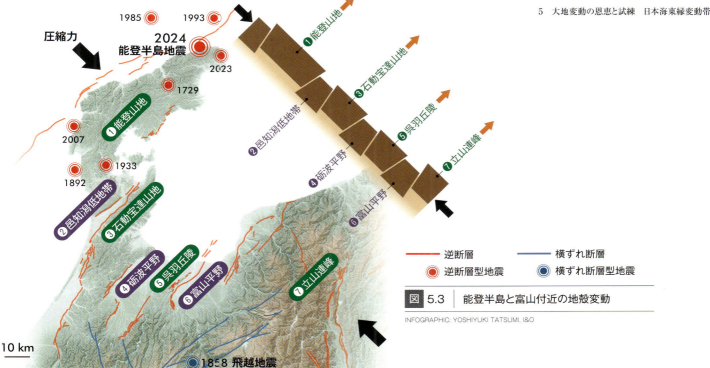

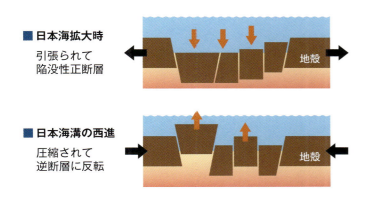

図 5.3 ｜ 能登半島と富山付近の地殻変動
INFOGRAPHIC: YOSHIYUKI TATSUMI, I&O

図 5.2 ｜ 日本海東縁変動帯に分布する隆起帯、活断層と主な被害地震
INFOGRAPHIC: YOSHIYUKI TATSUMI, I&O

邑知平野を南西からのぞむ。能登山地（左）と石動宝達山地（右）の高まりの間に邑知潟低地帯
PHOTO: HAKUI CITY MUSEUM

2024年の能登半島地震の影響で、隆起した輪島市の海岸線
PHOTO: THE JAPAN AGRICULTURAL NEWS/ KYODO NEWS IMAGES

300万年前の日本海溝の西進を契機に現在の富山湾が形成され、豊かな海の恵みがもたらされている

壊を起こしたものと考えられます。

　この水の起源について、日本海溝から沈み込んだ太平洋プレートからしぼり出されたという説が、新聞やテレビで報道されています。しかしこのような水が深さ百数十キロメートルにあるプレートから上昇してくると図1.8（→p076）のようにマグマが発生して、能登半島には火山があるはずです。しかしこの辺りは非火山地帯です。

　いっぽうで能登半島には和倉温泉をはじめとして高温の温泉が点在しています。これらの温泉水の化学組成を調べると、これらの水はプレートからやってきたものではなく、雨水や海水が地下に浸み込み、地熱で温められたものであることが分かっています。今回の地震については、このような地下水（熱水・温泉水）が関与したものと思われます。

第2部
大地変動の役割

6 日本海探究
海と陸の違いは何か?

PHOTO: JAXA/NASA

　富山のすしの美味しさを探る時空を超えた大地の旅も最終章になりました。

　これまで富山のすしの背景にある大地の営みについて、相当詳しくお話をしてきました。その中で、絶品魚介を育む日本海については、2,500万〜1,500万年前に、アジア大陸から分裂した日本列島が大移動したために誕生したとお伝えしました(→p071図1.3)。でも、どうしてそんなことが分かるの? なぜそんなことが起こるの? と思われた方もいらっしゃると思います。そこでこのお話をして、第2部を締めくくることにしましょう。

地盤の違いが海と陸を生む

　大陸が割れてできた海である日本海の成り立ちを探るには、まず押さえておかねばならないことがあります。それは、海と陸の違いです。実は地球は太陽系惑星の中で陸と海が存在する唯一の星なのです。こんなことを言うと、「そんなの簡単。海水があるかないかでしょう!」とすぐに答えが返ってくるに違いありません。でもそう簡単にはいかないのです。例えば図2.5(→p084)で示したように、氷河期には海水が氷になってしまうので海面は大きく低下し、陸は広がります。大きな氷河期はほぼ10万年ごとにやってきます。太陽系的、もっ

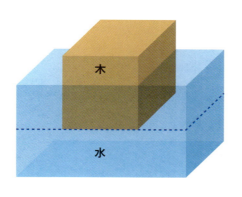
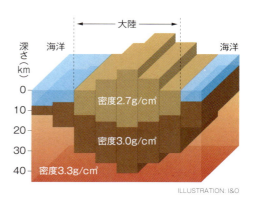

| 図 | 6.1 | 陸と海を作る地盤の重さの違い |

マントルの上に地殻は浮いている。その時、重い海洋地殻は下に、軽い大陸地殻は上になるため、地球の表面には海と陸が生まれる

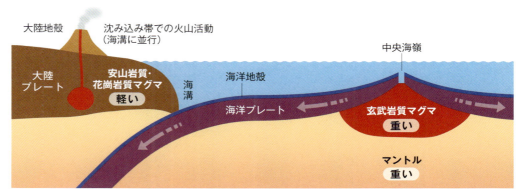

| 図 | 6.2 | 陸と海を作る地盤の違い |

海洋地殻は重い玄武岩質のマグマで作られる。いっぽう、大陸地殻は軽い安山岩質や花崗岩質のマグマで作られる

と言えば宇宙的に見るととっても珍しい存在である海と陸が、こんなにクルクルと入れ替わるなんて、ちょっといい加減だと思いませんか？

　そもそも「海」とは、地表にある水が低い部分に溜まったものです。実は、この地球表面に凸凹ができる根本的な原因は地盤の違いにあるのです(図6.1)。高地をなす陸（大陸）の地盤（地殻）が比較的軽い岩石でできていておまけに厚いのに対して、海の地殻はやや重くて薄いのです。このように重さの違う地殻が、柔らかくて相当に重いマントルの上に浮かんでいます。それはたとえば船が貨物を積んで重くなるとだんだん沈んでゆくように、軽い「大陸地殻」は浮き上がり、比較的重い「海洋地殻」は沈みがちになるのです。「アルキメデスの原理」です。つまり陸と海を分かつのは、地盤の特性なのです。

　大陸を作る岩石は安山岩と呼ばれるやや灰色の溶岩と同じ組成です。この安山岩は日本列島のようなプレート沈み込み帯の火山で普通に見られるものなので、大陸地殻は、この星でプレートテクトニクスが始まった38億年前から(→p068図1.1)、沈み込み帯で作られていたと考えられています。いっぽうの海の地盤である海洋地殻は、プレートがつくられる「海嶺」と呼ばれる大洋の真ん中にある海底火山山脈でつくられた玄武岩と呼ばれる黒い溶岩でできています(図6.2)。

第2部 大地変動の役割

日本海は海ではない？

早朝の富山湾と操業する漁船 ©TOYAMA TOURISM ORGANIZATION

分かってきた海底地盤の構造

ではこの陸と海の地盤の違いに注目して、日本海を眺めてみることにしましょう。海底地形を見ると、結構凸凹していて、日本海盆と呼ばれる深い海盆、大和堆などの海底台地があります（図6.3(a)）。

これまで日本海では、海底下への掘削（ボーリング）やいろんな探査が行われてきました。その結果、海底地盤の構造などがよく分かってきました。日本海の地殻はその大半が大陸地殻で、海洋地殻は北部域に限られているのです（図6.3(b)）。つまり、洪波洋々と広がる日本海ではあるのですが、海底の構造からは「本当の海」とは言いがたいのです。なぜ日本海の海底には、「大陸」が広がっているのでしょうか？

日本列島移動説と日本海拡大説

大陸地殻が散らばっているように見える日本海のでき方について、挑戦的かつ先見性のある説を唱えたのは寺田寅彦、1927年のことです。寺田は随筆家・俳人として知られていますが、地球物理学や結晶学の分野でも素晴らしい業績を上げた超一流の科学者でもありました。ドイツのアルフレッド・ウェゲナーが1912年に唱えた「大陸移動説」に触発された寺田は、「日本海沿岸の島列に就て」（原文英文）という論文を発表し、その中で日本海沿岸には太平洋側とは異なり、いくつかの島や海底台地が列をなして存在することに注目し

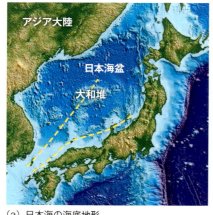

(a) 日本海の海底地形

(b) 地殻構造

(c) 形成過程

図 6.3 日本海の地形、地殻構造（→p071図1.3, p077図1.9）

INFOGRAPHIC: YOSHIYUKI TATSUMI, I&O

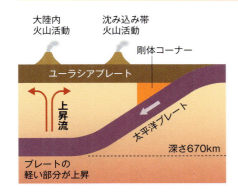
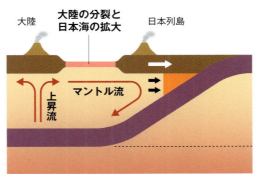

図 6.4 日本海の拡大を引き起こしたマントル上昇流

マントルの流れがプレートを押すことで大陸が分裂し、日本海が拡大した

INFOGRAPHIC: YOSHIYUKI TATSUMI, I&O

ました。たとえば、壱岐島—見島（山口県）—隠岐島—能登半島—佐渡島の列、対馬—竹島—大和堆の列などです（→p118図6.3(a)点線部）。そしてこれらは日本列島がアジア大陸から分離して移動する過程で、陸の破片が取り残されてできたと考えたのでした。

その後、寺田説はウェゲナーの大陸移動説と呼応するように、学界から忘れ去られていきました。しかし1960年代、大陸移動説の復活とプレートテクトニクスへの発展を牽引した「古地磁気学」（岩石に残された過去の地球磁場に記録を解析する分野）によって、日本列島移動説も再び注目されるようになったのです。この研究を進めたのが川井直人（京都大学から大阪大学）で、1980年代には彼の意志を継いだ京都大学の研究者たちが、日本列島移動説を完全に復活させています。

日本列島を造る岩石に記録された「北」の方角を調べると、約1,500万年前より新しいものは現在と同じ方角であるのに対して、それより古い岩石では数十度ずれた方角を向くことが分かりました（図6.3(c)）。さらに、ズレの方向は東日本と西日本で反対向きになっています。このことは、1,500万年前に東日本は反時計回りに、西日本は時計回りに回転しながら移動したと考えるとうまく説明できます。さらに、この回転運動を使って現在の日本列島を元の位置まで戻し、日本海に散らばった大陸地殻の破片も動かしてやると、まるでジグソーパズルのように日本海が閉じて、日本列島はアジア大陸に納まっています（図6.3(b)と(c)）。こうして、ア

ジア大陸が断裂して、分裂した日本列島が太平洋側へ移動、その隙間に大陸の破片が散らばる日本海が誕生したことが明らかになったのです。

では一体何が原因で、日本列島は大陸から引き裂かれて太平洋へと移動し、日本海の拡大・誕生が引き起こされたのでしょうか？

私たちは、この難問を解く鍵はアジア大陸の断裂が始まる前、約3,000万年前に大陸の東縁部で起きていたの火山活動にあると思っています。

後に日本列島になる地帯では、プレートの沈み込みに伴う火山活動が、さらに奥地の大陸内では、沈み込み帯とは性質の異なる「大陸型」の火山活動が起きていました（図6.4）。これらの大陸型溶岩の化学組成を調べると、深さ650キロメートル付近の上部マントルと下部マントルとの境界付近に横たわった太平洋プレートの物質が関与していることが分かってきました。プレートの軽い部分（融け残りカンラン岩）が浮き上がることでマントル内に上昇流が生じ、それが大陸型のマグマをつくったのです。このマントル上昇流は大陸プレートにぶつかると周囲へと広がり、その流れの一部が沈み込むプレートを押すことになります。この圧力によって大陸が分裂して日本列島が太平洋側へせり出し、その結果日本海が誕生したと私たちは考えています。

こんな壮大な地球内部の動きが日本海を造り、そして富山のすしを育んでいるのです。

エピローグ

美味しいすしとは何か、知識は最高の調味料

生活科学博士／食記者・編集者　土田美登世

富山のすしはテロワールを反映している

　ワイン業界でよく使われている言葉に「テロワール」があります。「テロワール」とは、フランス語で土地や地球を意味する「terre（テール）」に由来しています。ニュアンス的な要素が強くて日本語で説明するのはむずかしい言葉です。ソムリエやワインショップの方が「このワインはテロワールを反映している」と言われたら「テロワールは自然環境という意味で使われていて、このワインは原料となるブドウが育つ土壌や地勢、気候、さらにはその土地で暮らす人々の知恵や文化などまでも反映した味ですよ」という意味となりますが……長い。「テロワール」という短い言葉でいわれるとわかりやすい。よって、ここでは「テロワール」という言葉の力を借りましょう。

　富山のすしはテロワールを反映している——本書を通してそう感じました。

大地の米と海の魚の出会い、そして人々の知恵

　すしを構成するのは、まず魚と米です。魚は潮流や水温など、自然環境の影響を大きく受け、その味や香りが変化します。米も同様に、土地や気候によってその特徴が異なります。このような自然条件が重なり合い、すし職人の技術でまとめることで、すしがただの「刺身のせごはん」ではなく、ひとつの「料理」として独自の存在感を放ちます。もし、単に「キトキト」であればよいのであれば、海の近くのすし店であればどこでもよいことになります。しかし、キトキトがすしとして活きるためには、職人の技が不可欠です。

　富山は立山連峰が連なり、四季折々の表情を見せる美しい海が広がっています。山からは清流が、海からは海流が富山湾に栄養を運び、この恵まれた環境が魚介類の育成に最適な条件を整えています。脂ののった冬の「寒ブリ」や春が待ち遠しい「ホタルイカ」、春から夏、秋にかけて美しい透明な身が光る「シロエビ」、秋の味覚「ベニズワイガニ」など、季節ごとに異なる海の幸がすしに活かされています。

　また、富山は米どころとしても知られています。土壌的には山から流れ出る河川が運んできた砂れきや小石が堆積した扇状地であるため、栄養が不足しがちで、水はけがよすぎることから、水田には向かない土地とされていました。しかし、先人たちはその厳しい環境を克服し、美味しい米を作り上げてきました。美しい田園風景は、富山の人々の歴史に根ざした生活の知恵の賜物です。

　さらに富山は、歴史的に重要な交通の拠点でもあります。北前船の寄港地であり、東西を結ぶ街道が交差する場所に位置しているため、さまざまな文化や食材が集まりました。昆布や醬油、塩、酢といった調味料が富山に運ばれ、これらはすしの味を作り上げる重要な要素となっています。関西からの押しずしの流れを汲み、昔の神通川の川魚を活かした「ますずし」と、

関東からの握りずし文化が融合し、富山ならではのすし文化が形づくられています。江戸前をうたう富山のすし職人たちは、「仕事」つまり冷蔵庫がなかった時代に酢締めなどの技術をベースとした江戸前の握りをリスペクトしつつ、それをキトキトで生かす方法を模索し、富山ならではの握りを作り上げています。

知識は最高のソース。「胃袋の法則」で見るすし

本書を通して、もうひとつ感じたことがあります。これも日本語で表現することがむずかしいので、フランス語の力を借ります。「ガストロノーム」という言葉です。余談ですが、フランスには食に関する微妙なニュアンスを生かした美味しさに関する言葉がたくさんあります。さすが、"美食"を歴史に刻み、世界に発信してきた国です。

「ガストロノーム」とは、フランス語の「gastro（ガストロ）」と「nomos（ノモス）」が合わさった言葉で、直訳すると「胃袋の法則」となります。一般的には美食をする人と訳されますが、私たちがよく使う「グルメ」とはニュアンスが異なります。グルメは「おいしいものをたくさん食べる人」という意味合いに対して、ガストロノームは「知識を持って食を楽しむことができる人」をさします。つまり、ガストロノームとは、単においしいものを食べるだけではなく、知識を持って楽しむことができる人です。フランスでは、これこそが食の豊かさだと捉えられているのでしょう。

本書には富山のすしに関する多くの情報と知識が詰め込まれています。富山ですしを食べるときに、1行でもひと言でも、この本に書かれた情報や知識がおいしさに寄り添えればうれしく思います。知識を持ってすしを楽しむことは、ただ食べることを超えて、その土地の気候風土や根ざした文化、歴史を味わうことにもつながります。そうした美味しさの理由が見えてきた時、きっと誰かに話したくなるでしょう。そうすれば、人と人とのつながりも生まれます。

立ち食いでも、回転ずしでも、高級ずしでも、それぞれの店でそれぞれのすしを富山で楽しんでください。すしの深さを知り、ガストロノーム的な視点で富山のすしを楽しく食べる。そんなお手伝いができれば幸いです。

最後になりましたが、本書を刊行するにあたり、美乃鮨店主 三島裕起様、富山県鮨商生活衛生同業組合理事長 山下信夫様には美しい富山のすしを握っていただきました。そのほか、たくさんの方々にご協力をいただきました。ありがとうございました。勝手にすし店を食べ歩き、たくさんお話を聞いて美味しいすしをいただきました。感謝申し上げます。皆様、富山愛、すし愛、魚愛、米愛に満ち溢れた方々でした。富山の美味しいすしを作り上げるのは、何よりも人。そう感じました。

索引

[あ・ア]

藍甕	090, 091
青魚	**044**
アオリイカ	027, 054, **056**
アカイカ	**055**, 056
アカカマス	**035**
アカダイ	032
赤身	040, **041**, **042**
赤身魚	030, 038, **042**, 044
アカムツ	030
アカラ	033
秋サバ	045
アクチン	037
アクトミオシン	037
アコウ	033
アジ（マアジ）	027, 028, 042, **045**, 086
飛鳥時代	012
アズキバイ	058
アスタキサンチン	017, 053
圧縮	007
跡津川断層	098
アニサキス	044
アマエビ	027, 029, 050, **051**
甘辛度	111
アミノ酸	051, 057, 066, 079
網目構造	037
アミロース／アミロペクチン	**064**
アユ	015, **031**
アラニン	057, 090
アルコール	109
アルフレッド・ウェゲナー	118
合わせ酢	**063**
安山岩	117
安政の大洪水（大水害）	098, 114
イカ	028, **054**, **055**, **056**
イカ・タコのうま味	**057**
いかの黒づくり	055
生地	060
イシバイ	058
伊豆・小笠原海溝	073
石動宝達山地	098, 114
一番するめ	055
稲作文化	012
稲塚権次郎	102

イノシン酸	057, 061, 079, 090
いみずサクラマス	095
イワガキ	027, **059**
イワシ（マイワシ）	027, 028, 042, **044**, 086
岩瀬（一市場）	023, 026
イワナ（一属）	031
岩場	057
魚津（一港、一市場、一漁協）	027, 060
淡口醤油	106
内子	052
うどんのつゆ	105, 106
宇奈月花崗岩	069
宇波漁港	026
ウマヅラハギ	**036**
うま味（一成分）	050, **057**, **078**, 089
海	069, 116, 117, 118
裏おき	014
うるち米	**064**
絵解き	049
駅弁	014, 015
エチゼンガニ	052
越中（一国）	014, 097, 102
江戸前（一ずし）	011, 043, 050, 054
江戸時代	012, 014, 015, 031
江戸湾	043
エビ	**050**, 051
エンガワ	034
美味しい米	**100**
美味しいすし	006, 068, 121
邑知潟低地	114
オオエッチュウバイ	058, 087
大伴家持	099, 103
大トロ	**040**
大間［青森県］	038
沖締め	079
沖縄トラフ	084
押しずし	007, 010, 011, 014, 018, 061, 120

オショロコマ	031
おとき	048, 049
オホーツク海	094
おぼろ昆布	061
お水取り	103
表おき	014
温泉水	115

[か・カ]

貝	054
海底火山	075, 117
海底谷	023, **090**, **091**
海底地盤、海底近く	**118**
海底台地	077, 118
海底湧水	083
回転運動（日本列島の）	119
カイニョ	099
回遊魚	038, 042, 043, 045
海洋地殻	075, 077, 118
海嶺	117
カガバイ	058
加賀（一藩、一百万石）	021, 097, 102
核酸系物質	061
花崗岩	076, 108
かごなわ漁業	024, 028, **029**
ガゴメコンブの養殖	060
火山（一帯、一活動）	075, 076, 119
カジキ（サス）	027, **039**, 086
可視光線	053
ガストロノーム	121
河川（一改修）	083, 095, 098, **099**
河川残留型	094
カツオ	043
甲青魚	035
カニ	**052**, **053**
カニかご	024
加熱	043, 050
金草鞋	015
かぶらずし	007, **020**, **021**, 062
カマス	027
かまぼこ	037
カラフトマス	031
カルシウム（Ca）	106, 110
カレイ	027, **034**, 043

122

索引

カロテン類・カロテノイド ………… 017, 053
川井直人……………………… 119
カワハギ（ウマヅラハギ）
 ……………… 027, 028, 036
カワマス………………………… 031
寒ブリ…………………… 046, 120
寒サバ………………………… 045
含水マントル………………… 075
ガンド…………………………… 047
カンパチ……… 027, 046, 047
間氷期………………… 084, 085
キジハタ……… 027, 033, 042
キス……………………………… 044
季節風………………………… 099
北アルプス…………………… 076
キダイ…………………………… 032
北前船…… 010, 037, 060, 120
キトキト
 …… 011, 018, 030, 044, 054,
 078, 079, 120, 121
キハダマグロ………………… 038
急流河川…………… 091, 095
凝結…………………………… 100
ぎょしん……………………… 030
巨大地震……………………… 073
切りつけ……………………… 019
筋形質（筋原繊維）タンパク質
 ………………… 037, 043, 057
キンキ………………………… 053
銀毛…………………………… 094
ギンザケ……………………… 031
キンメダイ…………………… 053
グアニル酸…………………… 078
グアニン……………………… 045
雑鮨…………………………… 012
くどい………………………… 105
グリコーゲン………………… 059
グリシン
 ………… 050, 051, 057, 090
グルタミン酸
 ………………… 061, 078, 106
クルマエビ…………………… 050
呉羽丘陵・呉羽山
 ………………… 098, 105, 114
黒部（一漁協、一漁港）……… 027
黒部川花崗岩……………… 108

クロマグロ
 ………… 027, 038, 039, 042
軍艦巻き……………………… 050
渓流の女王………………… 031
ケガニ………………………… 053
結晶構造……………………… 065
ゲル化………………………… 037
ケンサキイカ………………… 055
玄武岩………………………… 117
古地磁気学………………… 119
高温障害……………………… 101
降海型………………………… 031
香魚…………………………… 031
麹菌…………………………… 110
硬水…………………… 037, 106, 107
豪雪地帯……………………… 087
硬度……………… 109, 110, 111
コウバコガニ………………… 052
酵母菌……………… 109, 110
糊化…………………………… 065
小型機船底びき網漁業……… 029
穀倉地帯……………………… 096
高志の紅ガニ………………… 093
コシヒカリ…………… 064, 100
コズクラ……………………… 083
呉西………………… 020, 105, 107
呉東………………… 020, 105, 107
コノシロ……………………… 045
コハダ………… 042, 044, 045
米、米どころ、米文化
 ………………… 007, 011, 062,
 097, 112, 120
米麹…………………… 020, 021
コラーゲン…………… 037, 057
コリコリ感…………………… 078
混合醤油……………………… 066
昆布………… 010, 060, 061, 120
昆布締め………… 030, 036, 060
昆布巻きかまぼこ…… 037, 060
細工かまぼこ………………… 037
最終氷期……………………… 085
サイナガ……………………… 056
相模湾………………………… 077
サク…………………… 019, 040, 041
サクラマス
 …… 014, 017, 031, 094, 095
サケ・マスの仲間 ……………… 031

[さ・サ]

サケ（鮭）、サケ（一科、一属）
 ……………………… 017, 031
酒の味わい…………………… 111
刺網（浮刺網、底刺網）漁業 … 028
サス（の昆布締め）………… 039
薩摩…………………………… 060
佐渡島（佐渡海嶺）
 … 083, 086, 112, 113, 119
サバ（鯖）… 020, 027, 028, 045
さばずし（鯖ずし）
 ………… 048, 049, 061, 062
サヨリ………………………… 044
ざる田………………………… 099
散居村………………………… 099
珊瑚礁………………………… 106
三重会合点………………… 073
山地……………… 072, 075, 114
山脈…………………… 072, 075
産卵期………………… 054, 059
シイラ………………………… 086
塩鰤…………………………… 021
塩鯖…………………………… 049
塩締め………………… 016, 017
塩鱈…………………………… 036
塩漬け………………… 012, 013
塩と酢………………………… 063
死後硬直……………………… 078
仕込み………………………… 019
仕込み水…………… 108, 110
地震活動………………… 113, 114
沈み込み帯………… 075, 117
司馬遼太郎………………… 105
シビマグロ…………………… 039
シベリア寒気団……………… 087
脂肪…………………………… 038
締める………………………… 044
シャリ（すし飯）……… 063, 096
熟成…………………… 012, 013
出世魚……………… 020, 039, 047
庄川（一扇状地）
 ………………………… 099, 102, 107
庄川嵐………………………… 102
常願寺川（一扇状地）
 ………………… 091, 098, 107
聖徳太子……………………… 048
醤油…………………… 066, 120
続日本紀……………………… 102

123

索 引

植物プランクトン‥‥‥‥‥‥087
食文化‥‥‥‥‥‥‥‥‥‥010
しょっぱい‥‥‥‥‥‥‥‥105
シラエビ‥‥‥‥‥‥‥‥‥050
白子‥‥‥‥‥‥‥‥‥‥‥036
ジルコン(日本最古のジルコン)
　　　　　　　　068, 069
白板昆布‥‥‥‥‥‥‥‥‥061
シロエビ(白海老)
　‥010, **023**, 027, 029, **050**,
　　　　079, 087, **090**, 091
白ごはん‥‥‥‥‥‥‥‥‥062
白身(―魚)
　‥017, **030**, 037, 042, **043**
深海(―富山湾)‥‥‥077, **093**
深海性‥‥‥‥‥‥‥‥‥‥058
人工ふ化‥‥‥‥‥‥‥‥‥095
真宗王国‥‥‥‥‥‥‥‥‥102
深成岩‥‥‥‥‥‥‥‥‥‥075
深層水‥‥‥‥‥‥‥‥‥‥026
神通川
　　　　　　014, 015, 090,
　　　　　　094, 095, 107
新湊(―漁協、―漁港)
　　　　023, 026, 046, 060
酢‥‥‥‥‥‥‥‥‥**018**, 120
水道水‥‥‥‥‥‥‥‥‥‥106
瑞泉寺‥‥‥‥‥‥‥‥‥‥048
炊飯法‥‥‥‥‥‥‥‥‥‥063
寿司といえば、富山‥006, 127
すし職人(―の技術)
　‥011, **018**, 079, 120, 121
すしダネ
　‥006, 007, 019, **026**, 042
すし店の仕事‥‥‥‥‥‥‥019
すしの原型‥‥‥‥‥‥‥‥012
酢締め、酢〆‥016, 017, 021
すし飯‥‥‥‥**063**, 065, 096
スズキ‥‥‥‥‥‥‥‥‥‥027
素潜り‥‥‥‥‥‥‥‥‥‥059
スモルト‥‥‥‥‥‥‥‥‥094
すり身‥‥‥‥‥‥‥‥‥‥037
駿河湾‥‥‥‥‥‥‥‥‥‥077
スルメイカ‥‥‥‥‥027, **055**
ズワイガニ、ズワイ
　　　　　　　027, 029, 050,
　　　　　　　052, 087, 093

すわり‥‥‥‥‥‥‥‥‥‥037
寸情風土記‥‥‥‥‥‥‥‥021
生産率‥‥‥‥‥‥‥‥‥‥097
性転換‥‥‥‥‥‥‥‥033, **051**
青藍色‥‥‥‥‥‥‥‥‥‥053
脊椎動物‥‥‥‥‥‥‥‥‥058
石灰岩、石灰質‥‥‥‥106, 107
節足動物‥‥‥‥‥‥‥‥‥058
扇状地‥‥‥062, 091, **098**, 120
鮮度‥‥‥‥‥‥**057**, **078**, 089
善徳寺‥‥‥‥‥‥‥‥048, 049
宗谷海峡‥‥‥‥‥‥‥‥‥085
底びき網(―漁、―漁業)
　‥023, 028, **029**, 054, 080
遡上‥‥‥‥‥‥‥‥‥‥‥095
外子‥‥‥‥‥‥‥‥‥‥‥052

[た・タ]

タイ‥‥‥‥‥‥‥‥028, 043
ダイアピル‥‥‥‥‥‥‥‥076
太子伝会‥‥‥‥‥‥‥048, 049
大地の裂け目‥‥‥‥‥‥‥070
大地の変動‥‥‥**068**, 087, **112**
多比之鮓‥‥‥‥‥‥‥‥‥012
太平洋プレート‥‥‥‥070, 073
大宝律令‥‥‥‥‥‥‥‥‥012
大陸(―移動説)‥‥‥‥118, 119
大陸地殻‥‥‥‥‥‥077, 117, 118
タウリン‥‥‥‥‥‥‥‥‥057
タコ(―壺漁)‥‥054, **057**, **058**
立山カルデラ‥‥‥‥‥‥‥098
立山火山(弥陀ヶ原火山)‥‥075
立山連峰
　　　　　007, 074, **075**, 076,
　　　　　086, 091, 094, 098,
　　　　　101, 107, 108, 112,
　　　　　　　　　　114, 120
タネ‥‥‥‥‥‥‥‥019, 096
種もみ(―王国、―日本一)
　　　006, 062, 097, **102**
タラバエビ科‥‥‥‥‥‥‥051
タラバガニ‥‥‥‥‥‥052, 053
淡水化‥‥‥‥‥‥‥‥‥‥085
断層‥‥‥‥‥‥‥‥113, 114
タンパク質‥‥‥‥‥‥037, 053
断裂帯‥‥‥‥‥‥‥‥‥‥077
血合い‥‥‥‥‥‥038, **041**, 042
地域ブランド‥‥‥‥‥‥‥037
地殻(―変動)‥‥‥076, 112, 117

地下水‥‥‥‥‥‥‥‥‥‥115
知識は最高のソース‥‥‥‥121
治水工事‥‥‥‥‥‥‥‥‥099
チヂミエゾボラ‥‥‥‥‥‥058
地表水‥‥‥‥‥‥‥‥‥‥086
中トロ‥‥‥‥‥‥‥040, **041**
中国‥‥‥‥‥‥‥‥‥‥‥060
中西部太平洋まぐろ類委員会
　　　　　　　　　　042
中層・底生魚‥‥‥‥‥‥‥043
チュウボウマグロ‥‥‥‥‥039
鳥海火山帯‥‥‥‥‥‥‥‥075
直下型地震‥‥‥‥‥‥‥‥113
津軽海峡‥‥‥‥‥‥‥‥‥085
ヅケ‥‥‥‥‥‥‥‥041, 047
漬物‥‥‥‥‥‥‥‥‥‥‥021
対馬海峡‥‥‥‥‥‥‥084, 085
対馬海流(―の魚)
　　　　　026, 038, 083,
　　　　　084, 085, 086
対馬暖流(―系の魚たち、―水)
　　　　　　　　050, 087
ツバイ‥‥‥‥‥‥‥‥‥‥058
ツバイソ‥‥‥‥‥‥047, 083
つゆ切風‥‥‥‥‥‥‥‥‥102
低アミロース米‥‥‥‥‥‥064
底生魚‥‥‥‥‥‥‥‥‥‥034
定置網(―漁、―漁業)
　　　　018, 022, 025, 028,
　　　　038, 045, 046, 054,
　　　　078, **080**, **083**, 089
鉄とマンガン‥‥‥‥‥‥‥108
鉄分‥‥‥‥‥‥‥‥‥‥‥038
寺田寅彦‥‥‥‥‥‥‥‥‥118
テロワール‥‥‥‥‥‥‥‥120
てんこもり‥‥‥‥‥‥‥‥064
てんたかく‥‥‥‥‥‥‥‥064
天然の生簀‥‥‥007, 022, **086**
天然水‥‥‥‥‥‥‥‥‥‥106
天然の定置網‥‥026, **083**, 086
でんぷん‥‥‥‥‥‥064, **065**
糖化‥‥‥‥‥‥‥‥109, 110
登熟‥‥‥‥‥‥‥‥‥‥‥100
東大寺(―要録)‥‥‥‥102, 103
動物プランクトン‥‥‥‥‥087
動物性タンパク質‥‥‥‥‥106
徳川吉宗‥‥‥‥‥‥‥‥‥014

索引

土石流‥‥‥‥‥ 091, 098, 112
土徳‥‥‥‥‥‥‥‥‥‥‥ 103
利波臣志留志‥‥‥‥‥‥ 102
砺波平野‥‥ 062, 099, 102, 114
富山の主な漁法‥‥‥‥‥ 028
富山の郷土料理‥‥‥‥‥ 014
富山の米‥‥‥ 062, 096, 100
富山の酒‥‥ 108, 109, 110, 111
富山の醤油‥‥‥‥‥‥‥ 066
富山の水
‥‥‥‥‥ 104, 105, 106,
107, 108, 111
富山名産 昆布巻きかまぼこ
‥‥‥‥‥‥‥‥‥‥‥‥ 037
トヤマエビ
‥‥‥‥‥‥ 027, 029, 050,
051, 087, 090
富山県水産研究所‥‥‥‥ 095
富山県の米づくり‥‥‥‥ 102
富山県の名水を守る会‥‥ 107
富山港‥‥‥‥‥‥‥‥‥ 026
とやま市漁協‥‥‥‥‥‥ 026
富山平野‥ 062, 091, 100, 114
富山湾
‥‥ 006, 018, 022, 026, 038,
043, 045, 072, 077, 083,
086, 092, 112, 114, 120
富山湾の朝陽‥‥‥‥‥‥ 024
富山湾の王者‥‥‥ 025, 046
富山湾の神秘‥‥‥ 022, 089
富山湾の宝石‥‥ 023, 050, 090
富山湾浅層水‥ 050, 086, 087
トロサバ‥‥‥‥‥‥‥‥ 045
とろろ昆布‥‥‥‥‥‥‥ 060
鳶山崩れ‥‥‥‥‥ 098, 114

[な・ナ]

流し網漁‥‥‥‥‥‥‥‥ 015
那須火山帯‥‥‥‥‥‥‥ 075
灘五郷[兵庫県]‥‥‥‥‥ 110
生なれ‥‥‥‥‥‥‥‥‥ 012
生食‥‥‥‥‥‥‥‥‥‥ 044
ナメラ‥‥‥‥‥‥‥‥‥ 033
滑川(―漁港、―漁協)
‥‥‥‥‥‥‥‥‥ 022, 026
奈良時代‥‥‥‥‥‥‥‥ 012
なれずし
‥‥‥‥‥‥ 007, 010, 012, 013,
018, 031, 048, 062

南海トラフ‥‥‥‥‥‥‥ 077
軟水
‥‥ 037, 106, 107, 110, 111
軟体動物‥‥‥‥‥ 054, 058
煮切り‥‥‥‥‥‥‥‥‥ 066
握り(―ずし)
‥‥‥‥‥ 006, 010, 011, 012,
018, 019, 121
肉基質タンパク質‥‥ 037, 057
ニジマス(―属)‥‥‥‥‥ 031
ニシン‥‥‥‥‥‥‥‥‥ 010
日本山海名産図会‥‥‥‥ 015
日本海(―誕生、―の成り立ち)
‥‥‥‥‥ 070, 077, 084, 116,
117, 118, 119
日本海拡大(―説)
‥‥‥‥‥ 087, 113, 118, 119
日本海固有水
‥‥‥‥‥ 030, 050, 086, 087,
093, 095, 113
日本海東縁変動帯
‥‥‥‥‥‥‥ 112, 113, 114
日本海沿岸の島列に就て‥ 118
日本海溝(―の西進)
‥‥‥‥‥ 072, 073, 083, 112,
113, 114, 115
日本海盆‥‥‥‥‥ 077, 118
日本三大深湾‥‥‥‥‥‥ 077
日本酒‥‥‥‥‥‥ 108, 109
日本有数の米産地‥‥‥‥ 062
日本列島(―移動説、―大移動)
‥‥‥‥‥ 007, 070, 073,
087, 118, 119
乳酸菌‥‥‥‥ 012, 013, 018
入善(―漁港)‥‥‥‥ 027, 060
熱水‥‥‥‥‥‥‥‥‥‥ 115
濃醇‥‥‥‥‥‥‥‥ 110, 111
濃淡度‥‥‥‥‥‥‥‥‥ 111
農地改革‥‥‥‥‥‥‥‥ 102
濃尾平野‥‥‥‥‥‥‥‥ 100
ノドグロ(アカムツ)
‥‥‥‥‥‥‥ 027, 030, 053
能登半島(能登山地)
‥‥ 026, 038, 072, 083, 086,
112, 113, 114, 115, 119
能登半島地震‥‥‥‥ 112, 114
乗鞍火山帯‥‥‥‥‥ 075, 076

[は・ハ]

ノロゲンゲ‥‥‥‥‥‥‥ 087
バイ(―ガイ)
‥‥‥‥‥‥ 027, 028, 029,
054, 058, 079
売薬‥‥‥‥‥‥‥ 015, 060
はえ縄漁‥‥‥‥‥‥ 080, 081
白山瀬‥‥‥‥‥‥‥‥‥ 077
バクチコキ‥‥‥‥‥‥‥ 036
歯応え‥‥‥‥‥‥‥‥‥ 078
バショウカジキ‥‥‥‥‥ 039
発酵(―ずし、―食品)
‥‥‥‥‥ 012, 018, 021, 048
発光器‥‥‥‥‥‥‥‥‥ 022
花見イカ‥‥‥‥‥‥‥‥ 055
早ずし‥‥‥ 007, 012, 014, 018
春鰯‥‥‥‥‥‥‥‥‥‥ 044
春告げ昆布‥‥‥‥‥‥‥ 060
反転断層‥‥‥‥‥‥‥‥ 112
非火山地帯‥‥‥‥‥‥‥ 115
ピーエッチ(pH)‥‥‥‥‥ 017
飛越地震‥‥‥‥‥ 098, 114
東岩瀬‥‥‥‥‥‥‥‥‥ 060
東シナ海‥‥‥‥‥‥‥‥ 085
非加熱‥‥‥‥ 043, 050, 054
光りもの‥ 042, 043, 044, 045
美食‥‥‥‥‥‥‥‥‥‥ 121
美食地質学‥‥‥‥‥‥‥ 127
微生物‥‥‥‥‥‥ 109, 110
飛騨花崗岩‥‥‥‥‥‥‥ 108
飛騨高地
‥‥‥‥‥ 074, 086, 099, 100,
107, 108, 112
引張力‥‥‥‥‥‥‥‥‥ 113
人々の営み‥‥‥‥‥‥‥ 127
氷見(―魚市場、―漁協、―漁港)
‥‥ 025, 026, 038, 046, 107
氷見マグロ‥‥‥‥‥‥‥ 038
ひみ寒ぶり‥‥‥‥‥ 025, 046
ヒメマス‥‥‥‥‥‥‥‥ 031
表層海水‥‥‥‥‥‥‥‥ 087
ヒラタエビ‥‥‥‥‥‥‥ 050
ヒラマサ‥‥‥‥ 027, 046, 047
ヒラメ‥‥‥ 027, 028, 034, 043
ビンチョウマグロ‥‥‥‥ 038
富士火山帯‥‥‥‥‥‥‥ 075
フィリピン海プレート
‥‥‥‥‥‥‥ 073, 077, 112

125

索引

風土 …………… **068**, 112, 127
フェーン(一現象)…… **100**, **101**
フクラギ ……………… 047, 083
伏流水 ………………………… 086
伏木 …………………………… 060
ブドウ糖(グルコース)……… 109
舟木安信 ……………………… 021
ふなずし …… 010, 012, **013**
船橋 …………………………… 015
腐敗 …………………………… 078
富富富 ………………… 064, 101
不飽和脂肪酸 ………………… 040
冬の白身の王様 ……………… 034
ブラウントラウト …………… 031
プランクトン ………………… 074
ブリ(鰤)
　… 010, 020, **025**, 027, 028,
　　043, **046**, 047, 079,
　　083, 084, 085, 086
ブリ起こし …………………… 083
ブリ御三家 …………………… 046
プレートテクトニクス
　…………… 069, 117, 119
プロリン ……………………… 090
ペアリング …………………… 096
平安時代 ……………………… 014
平野(沈降域) ………………… 114
ベタイン ……………………… 057
ベッコウエビ ………… 023, 050
ベニザケ ……………………… 031
ベニズワイガニ
(ベニズワイ、ベニ)
　… 010, **024**, 027, 028,
　　029, **052**, 053, 079,
　　087, **093**, 120
棒鱈 …………………………… 036
ホウボウ ……………… **035**, 053
母川回帰 ……………………… 095
ホタルイカ
　…… 010, **022**, 027, 044,
　　054, 079, 086, 087,
　　088, **089**, 120
ホタルイカの身投げ ………… 089
ボタンエビ …………………… 051
ホッコクアカエビ(アマエビ)
　………… 029, **051**, 087, 090
本醸造酒 ……………………… 111

ホンズワイ …………………… 052
本漬け ………………………… 013
ホンマグロ …………………… 038

[ま・マ]

マアジ ………………… 027, **045**
マイカ ………………………… 055
マイワシ ……………… 027, **044**
前田利興 ……………………… 014
マガキ ………………………… 059
まき網漁 ……………… 080, 081
巻きずし ……………………… 018
マグネシウム(Mg) …… 106, 110
マグマ(一の海、一活動)
　… 007, 069, 075, 076, 098
マグロ、マグロの柵
　……………… 028, 038, 040,
　　041, 043, 086
曲げ物 ………………… 014, **015**
マコガレイ …………………… 043
真昆布 ………………………… 037
マコンブの養殖 ……………… 060
マサバ ………………………… **045**
マス ……… 014, 015, 016, **017**
ますずし
　…007, 011, **014**, **015**, **016**,
　　018, 031, 062, 120
マスノスケ …………………… 031
マダイ ………………… 027, **032**
マダコ ………………… 027, **057**
マダラ ………………… 027, **036**
待ちの漁法 …………………… 080
マツバガニ …………………… 052
松村謙三 ……………………… 102
マトウダイ(マト) …… 027, **033**
間宮海峡 ……………………… 085
マリアージュ ………… 096, 108
マントル(上昇流) …… 076, 119
マンニット …………………… 061
身やけ ………………………… 079
ミオグロビン ………… 038, 043
ミオシン ……………………… 037
身質 …………………………… 042
水 ……………………………… 114
水さらし ……………………… 037
水と食文化 …………………… 106
水循環 ………………………… 074
水分子 ………………………… 053
ミナミマグロ ………………… 038

宮水 …………………………… 110
ミルキークイーン …………… 064
虫干法会 ……………………… 049
無脊椎動物 …………………… 058
メジ・シビコ(メジマグロ)
　………………… 027, 039
メバチマグロ ………………… 038
モジャコ ……………… 047, 083
もち米 ………………………… 064
森の栄養分 …………… 074, 087
紋ダイ ………………………… 033
モンスーン(季節風) ………… 074

[や・ヤ]

ヤドカリ ……………………… 053
大和堆 ………………… 077, 118
ヤマドリ ……………………… 033
ヤマメ ………… 017, 031, 094
ヤリイカ ……………… 027, **056**
唯一無二の地形(特異な地形)
　………………… 074, 112
湧水 …………… 074, 086, 087
ゆでガニ ……………………… 053
養殖 …………………………… 095
用水路 ………………… 098, 099
ヨード ………………………… 060
吉村新八 ……………………… 014
ヨネズ ………………………… 033
4,000メートルの高低差
　……………… 007, 068, **074**,
　　075, 077, 094

[ら・ラ]

陸 ……………………………… 117
陸封型(残留型) ……… 031, 095
琉球 …………………………… 060
ルシフェラーゼ ……………… 022
ルシフェリン ………………… 022
レンコダイ …………………… **032**
蓮如上人 ……………………… 049
老化 …………………………… 065
和倉温泉 ……………………… 115
早生大蕪 ……………………… 020

[A]

AMP …………………………… 089
ATP …………………………… 078
α-デンプン ………………… 065

[B]

β-デンプン ………………… 065

[K]

K値 …………………… **057**, 089

編集後記にかえて

私たちジオリブ研究所は、ある地方の食と大地の成り立ちの関係を解き明かす「美食地質学」を標榜しています。最近になって、食と地質の間に「人々の営み」というレイヤーが在ることに気がつきました。食をはじめとして文化と名のつくものは、全て自然と人間の「共同作業」で育まれたものなのではないか。それは、狭くて険しい変動帯日本列島に生を受けた先人たちの自然との闘いの積み重ねであり、「恩恵と試練」に引き裂かれた、日本人の祈りそのものではないか。私たちはこのレイヤーこそが「風土」と呼ばれてきたものだと考えています。

本書はジオリブ研究所として初めて上梓する本です。この本が富山の「風土」の解明と富山の人々のシビック・プライドの更なる向上、そして富山県が推進している「寿司といえば、富山」の理解促進に少しでもお役に立つよう願っています。

ジオリブ研究所 ／プロデューサー　岡田 一雄

参考文献

稲村修（2021）、富山のさかなたち、Vol33（6）
魚津水族館（2017）、富山のさかな
岡田稔（2008）、かまぼこの科学、成山堂書店
加藤寿美子（1975）、富山のますのすし、Vol8（3）、調理科学
北村晃寿（2021）、貝化石・有孔虫化石の複合群集解析による日本本島の島嶼化過程・東海地震の履歴の研究、第四期研究、60
木曾克裕、日本水産学会（2014）、二つの顔をもつ魚サクラマス、成山堂書店
鴻巣章二監修（1994）、魚の科学、朝倉書店
鈴木たね子（1976）、赤身の魚と白身の魚、Vol9（4）、調理科学
巽好幸（2022）、美食地質学入門　―和食と日本列島の素敵な関係、光文社新書
巽好幸（2024）、地球は生きている ―地震と火山の科学、角川ソフィア文庫
竹内章（2020）、富山トラフおよびその周辺地域のネオテクトニクス、地質学雑誌、127
張勁（2022）、陸域から海域への水・物質供給とその変化、学術の動向、27
土田美登世、高橋潤、佐藤秀美（2020）、すしのサイエンス、誠文堂新光社
富山県水産試験場編（2005）、富山湾を科学する、北日本新聞社
日本の食生活全集　富山編集委員会（1989）、聞き書　富山の食事、農山漁村文化協会
能勢幸雄（1993）、魚の事典、冥京堂出版
原田澄子ら（2006）、富山の魚介類の特徴と地域性、Vol39（2）、日本調理科学会誌
畑江敬子、香西みどり（2019）、調理学、東京化学同人
林清志（1993）、富山湾産ホタルイカの資源生物学的研究、東京海洋大学
藤井健夫（1993）、伝統食品の知恵、柴田書店

NPO法人 富山の名水を守る会　　　　　http://www.toyama-meisui.jp/meisui.html
魚津水族館、富山の伝統的魚食文化　　　https://www.uozu-aquarium.jp/report/document/2008gyosyoku.pdf
富山湾の漁法、富山県漁業協同組合連合会　https://www.toyama-sakana.com/fisheries/methods
氷見農業遺産推進協議会 氷見の定置網　　https://himi-teichiami.com/teichiami
立山黒部ジオパーク　　　　　　　　　　https://tatekuro.jp/
農林水産省 漁業種類イラスト集　　　　　https://www.maff.go.jp/j/tokei/census/gyocen_illust2.html

執筆者略歴

巽 好幸
（たつみ よしゆき）

1954年、大阪府生まれ。京都大学理学部卒業。東京大学大学院理学系研究科博士課程修了。京都大学総合人間学部・理学部教授、東京大学海洋研究所教授、国立研究開発法人海洋研究開発機構プログラムディレクター、神戸大学海洋底探査センター教授などを歴任。地球の進化を「マグマ学」の視点で探究している。2003年に日本地質学会賞、'11年に日本火山学会賞、'12年に米国地球物理学連合N.L.ボーエン賞を受賞。主な一般向け著書に『地球の中心で何が起こっているのか』（幻冬舎新書）、『地震と噴火は必ず起こる』（新潮選書）、『和食はなぜ美味しい』（岩波書店）、『「美食地質学」入門』（光文社新書）、『地球は生きている』（角川ソフィア文庫）などがある。テレビ番組NHKスペシャル『列島誕生 ジオ・ジャパン』『情熱大陸』などに出演・監修。2021年ジオリブ研究所を設立。同所長の立場で、数々の地域の魅力づくりや観光誘客プロジェクトに参画している。

土田 美登世
（つちだ みとせ）

1966年生まれ。広島大学卒業。お茶の水女子大学大学院家政学研究科食物学専攻（博士前期課程）修了後、「専門料理」編集部、「料理王国」編集長を経て、お茶の水女子大学大学院人間文化創成科学研究科ライフサイエンス専攻（博士後期課程）修了。生活科学博士。文教大学健康栄養学部専任講師。プロの料理人や生産者の取材を中心に、フードサイエンスから居酒屋、三ツ星レストランに至るまで幅広いテーマで取材、執筆を行う。著書に『やきとりと日本人』（光文社新書）、『日本イタリア料理事始め 堀川春子の90年』（小学館）、『すしのサイエンス』『天ぷらのサイエンス』（誠文堂新光社）、編書に『美・職・技 鮨 すきやばし次郎』（グラフィック社）など多数。

経沢 信弘
（つねざわ のぶひろ）

1960年、富山県魚津市生まれ。料理人・郷土料理研究家。富山市の日本料理店店主時代より、越中国（現在の富山県）の古代食を研究し『古代越中の万葉料理』（桂書房）を出版。そのほかの著書に『大門素麺』がある。

本書の制作にあたり、次のみなさまに協力をいただきました。

富山県、射水市、とやま観光推進機構、新湊漁業協同組合、富山県鮨商生活衛生同業組合、富山ます寿し協同組合、富山県酒造組合、富山県蒲鉾水産加工業協同組合、寿司正、美乃鮨、成希、吉田屋鱒寿し本舗、立山黒部ジオパーク、朝日町まいぶんKAN、羽咋市

富山のすしはなぜ美味しい

2025年3月9日	発 行
2025年3月9日	第1刷
著 者	巽 好幸、土田 美登世
コラム執筆	経沢 信弘
企画・制作	ジオリブ研究所合同会社
	〒531-0071 大阪市北区中津1丁目17番26号 中津グランドビル7階 https://geo-live.jp
発 行	株式会社北日本新聞社
	〒930-0094 富山市安住町2番14号 電話 076-445-3352 FAX 076-445-3591
	https://webun.jp/
	振替口座 00780-6-450
プロデュース	岡田 一雄（ジオリブ研究所合同会社）
編集協力	浦 奈保美（株式会社北日本新聞開発センター）
デザイン・装丁	寺越 寛史（アイアンオー株式会社）
撮 影	京角 真裕（空耳カメラ）
校 正	岡田 幸生
印刷・製本	株式会社 山田写真製版所

© 2025, Yoshiyuki Tatsumi, Mitose Tsuchida, Nobuhiro Tsunezawa. Printed in Japan
定価はカバーに表示してあります。
本書の写真、イラスト、および記事の無断転用・複写は固くお断りします。法律で禁じられています。
万一、乱丁・落丁がありましたらお取り替えします。
ISBN978-4-86175-127-1